웹3 기술과 민주주의

이 책은 방송문화진흥회 2024년도 저술연구비 지원을 받았음을 밝힙니다.

웹3 기술과 민주주의

빅테크는 끝났다

박한우 지음

방송문화진흥총서 246

영남대학교출판부

저자 소개

박한우 영남대 교수는 대구에서 초중고를 보내고 한국외국어대(학사), 서울대(석사), 미국 뉴욕주립대(SUNY-Buffalo)(박사)를 졸업했다. 네덜란드 왕립아카데미(NIWI-KNAW)와 영국 옥스퍼드인터넷연구소(OII) 등 글로벌 연구기관에서 근무했다. 영남대 부임 이후에 WCU 웹보메트릭스사업단, 세계트리플헬릭스미래전략학회, 사이버감성연구소 등을 주도했다. 현재 영남대 BK21사업단에 참여 중이다.

물리적 경계에 한정되었던 인간관계와 시대 이슈가 온라인을 통해 그 경계를 자유롭게 넘나들고 있다. 이러한 변화의 상황에서 박 교수는 기존의 법칙에 도전하는 과정을 탐구하는 데 있어 빅데이터 네트워크 분석 방법을 활용함으로써, 이 분야의 권위자로 인정받고 있다. 『나는 글로컬대학 교수다』, 『나만 모르는 웹3 밈코인 소통』, 『왜 한국을 싫어하나 - 이해하기 쉬운 지식연결망과 반한감정 -』 등의 저서를 통해 연구 결과를 쉽게 설명하고 일반인과 소통을 강화하고 있다.

데이터 기반 주요 연구방법론인 과학계량학(scientometrics), 하이퍼링크분석(hyperlink network analysis), 웹계량학(webometrics), 대안계량학(altmetrics), 트리플헬릭스(triple helix) 등을 국내에 소개하고 선도해 왔다. 하이퍼링크 연결망은 INSNA(International Network for Social Network Analysis) Connections가 출판한 가장 영향력 있는 연구 목록에 포함되기도 했다.

이러한 방법론은 인문학적 문제의식과 디지털 기술의 접목을 통해 온라인과 오프라인이 혼합된 복잡한 인간관계와 문화 현상을 효과적으로 해석하는 데 기여할 수 있다. 온라인 환경에서 발생하는 비구조적이며 역동적인 데이터를 분석함으로써 우리는 사회적 상호작용과 문화적 트렌드에 대한 깊은 이해를 얻을 수 있다. 박 교수는 이 과정에서 새로운 학문적 통찰과 실용적 해결책을 제공해 오고 있다.

국제 활동으로는 국제저널 Quality & Quantity: International Journal of Methodology, Journal of Contemporary Eastern Asia

편집위원장(EIC), 최초의 웹3 저널 The ROSA의 초대 편집위원장(EIC)으로 활동 중이다. 주요 실적으로 SSCI급 저널 100편 이상 논문 출판, 구글 스칼라 기준 피인용 13,000여 회, h-지수 60 등이 있다.

수상 경력으로는 SCImago-EPI, ASIST(American Society for Information Science & Technology), ISA(International Studies Association) 등에서 우수논문상을 공저로 수상한 바 있으며 2023년 국제커뮤니케이션학회(International Communication Association)가 선정하는 석학회원(ICA Fellow)에 선정되었다. 국내에서 네 번째로 지방대에서는 최초다.

글로벌 연구 성과와 마찬가지로 수도권과 지방 사이 격차가 커질 경우 한국의 지속 가능성이 어렵다는 점을 오래전부터 지적해 왔다. 국내외 이슈에 대한 폭넓은 관심과 창의적 지식을 바탕으로 디지털 기술과 데이터 활용 분야에서 중앙정부 및 지자체의 자문위원으로 활동하며 소외계층 삶의 질 개선과 지역 발전에 기여하고 있다.

또한 '빅로컬 빅펄스(Big Local Big Pulse)'랩을 운영하며 데이터를 기반으로 한 이슈 탐지와 융합 학문의 새로운 방향을 제시하고 있다. 이는 데이터 분석을 통해 지역 사회의 구체적 문제를 식별하고 해결책을 모색하는 혁신적 접근법을 포함한다.

저자의 말

독자 여러분께 이 책을 펼쳐 주신 것에 깊은 감사의 인사를 드립니다. 블록체인과 같은 기술이 22세기에 나올 것으로 생각했지만 21세기 초 비트코인을 통해 세상에 일찍 소개되면서 시대의 중심 주제로 자리 잡았지만 동시에 큰 사회적 혼란을 야기하기도 했습니다.

특히 2018년에 발생한 '박상기의 난'과 '유시민의 경고'는 정부와 지식인 사회의 가상자산에 대한 오해와 혼란을 극명하게 보여 주는 사례입니다. 당시 법무부 장관이었던 박상기 교수가 가상자산 거래 금지 및 거래소 폐쇄를 언급하며 시장을 혼란에 빠트렸고 이는 많은 투자자들이 비트코인 및 이더리움을 낮은 가격에 판매하도록 강요했습니다. 이후 미국에서 비트코인 및 이더리움 ETF가 공식 금융상품으로 인정받으면서 투자자들은 그 당시의 결정에 대해 계속해서 정부를 원망해 왔습니다.

비트코인으로 시작해 이더리움으로 발전된 이 새로운 디지털 환경은 이제 웹3 기술이라 불리며 크립토 산업을 이끌고 있습니다. 이 웹3 기술은 비트코인, 이더리움, 이더리움 경쟁집단, 밈코인 등

4개 분야로 구분될 수 있습니다. 비트코인은 절대왕정으로부터 사유 재산을 지키려 한 부르주아 계급의 특성을 반영하며 이더리움과 DAO는 1인 1표를 주장하는 시민 혁명의 이상을 담고 있습니다.

이러한 웹3 기술은 NFT와 밈코인과 같은 오락적 요소를 포함하며 디지털 자유민주주의의 새로운 현상과 제도를 탄생시키고 있습니다. 본 책은 가상자산에 대한 기존의 천편일률적 접근을 넘어서길 원하며 금융경제학의 한계를 극복하고 대중적 교양서와 대학 교재로도 활용될 수 있는 이론 및 실무 지식을 제공하려 노력했습니다. 그럼에도 불구하고 인문 사회학적 관점에서의 지식 부족은 여전히 저의 한계이며 이를 인정하는 것이 솔직한 태도입니다.

웹3 기술이 아직 완전히 정립되지 않은 이유를 설명드리자면 이 기술은 현재 '이매지니어링'(imagineering) 단계를 거치고 있기 때문입니다. '이매지니어링'은 상상(imagine)과 엔지니어링(engineering)을 결합한 신조어로 웹3 기술은 빅데이터와 AI 콘텐츠처럼 아직 초기 단계에 있어 그 개념, 유형, 적용, 영향력을 명확하게 정의하기 어렵습니다. 이는 아기의 얼굴이 유년기와 청소년기를 거치며 성인으로 성장하듯 기술과 서비스도 지속적으로 변화하고 발전한다는 것을 의미합니다.

이 책의 내용 완성은 혼자의 힘으로는 불가능했습니다. 가족과 연구실 동료들, 림카밀, 송화영, 채송아, 홍하진 등 많은 사람들의 도움을 받았습니다. 이들뿐만 아니라 수업 시간에 초본을 함께 읽어준 디지털융합비즈니스대학원의 김재훈, 박재홍, 안승환, 이재진 등에도 감사드립니다. 웹3 다오(DAO) 연구회를 함께하고 있는 연구원들에게도 감사의 말을 전합니다. 방송문화진흥회와 익명의 심사자, 출판부의 지원도 큰 힘이 되었습니다. 과거에는 사전과 포털을 이용했지만 변화된 시대에 맞추어 최근에는 인공지능 서비스를 활용하여 맞춤법과 문장을 다듬었습니다.

모든 독자의 미래가 밝기를 바라며 이 책을 마무리합니다.

2024년 11월 30일 박한우(朴漢雨)

차례

1부 인터넷, 중앙에서 벗어나기

1장 인터넷의 중앙 집중화와 문제점

디지털 자본주의와 시장 구조의 변화 21

디지털 민주주의와 데이터 접근성 21

GAFA연합군의 등장과 글로벌 인터넷 독점 23

데이터 식민주의와 디지털 자본주의의 고도화 26

빅테크의 독점을 개선하기 위한 노력 29

유럽연합의 정책적 대응 29

사례 분석: 아마존의 아이로봇 철회 32

인식론적 권리 구축과 '코드가 법이다' 34

2장 패러다임의 전환과 웹3 탄생

블록체인: 기술적 작동 원리 및 동향 39

서티파이에서 베리파이 알고리즘으로 39

레이어의 계층별 구조와 사례 및 지향점 45

개발자 현황으로 살펴보는 글로벌 동향 53

시대별 구조 및 주제 분석을 통한 연구 동향의 특성화 55

웹3의 등장과 진화 64

웹1에서 웹2를 거쳐 웹3 시대로 64

웹3를 통한 민주적 인터넷 생태계의 조성 67

웹3가 가져올 미래의 변화와 도전 68

3장 블록체인의 설계 방식과 탈중앙화

분산적 인터넷에 대한 개념적 논의 71

토큰화와 불역성에 따른 관점 71

중앙 집중주의 대 탈중앙 분산화 79

메리토크라시 대 플루토크라시 82

사례 분석, 읽을거리, 생각거리 88

사례 분석: 헬륨과 플로키 이누 88

읽을거리: 부테릭이 말하는 메리토/플루토크라시 92

생각거리: 탈중앙화로 진화를 어떻게 이해하고 접근해야 하는가 96

2부 가상자산 등장이 낳은 논점

4장 가상자산, 비트코인과 이더리움

신기술이 낳은 사회적 혼란과 대립 103

기술결정론과 사회구성론 103

새롭게 등장한 계층 간, 토큰 간 갈등 107

한국에서 나타난 김치 프리미엄 111

독점으로부터 자유로운 세상을 위하여 113

디지털 자유주의: 월가를 점령하라 113

비트코인의 독점화 및 집중화 현상 116

읽을거리: 레딧의 토큰화 시도 119

사례 분석: 탈중앙화의 딜레마 사례 122

메이커DAO 122

스팀잇과 하이브 124

지분증명의 탈중앙화 이슈 127

5장 NFT 등장과 소버린 체인

NFT에 대한 이해와 기능 및 역할 131

NFT의 개념 정의와 다양한 관점들 131

NFT의 급속한 성장과 이슈 및 문제점 142

NFT와 공동체 참여 거버넌스 구축을 위한 탐구 146

NFT 및 PFP와 문화적 국가주의 151

프로필 사진(PFP) NFT 사례 분석 151

NFT-PFP 국가주의와 K-콘텐츠 전략 157

AI 주권의 등장과 소버린 체인의 필요성 163

사례 분석: 스포츠의 초개인화와 팬토큰 거버넌스 167

스포츠에 불고 있는 팬토큰과 NFT 167

팬토큰과 NFT의 확산이 스포츠를 초개인화로 이끌다 171

3부 웹3 기술과 민주주의

6장 DAO를 통한 공중의 참여

웹3 기술로 탄생한 자율적 커뮤니티 177

DAO의 등장과 개념적 유형 177

DAO를 둘러싼 이론적 관점들 182

DAO의 유형과 사례들 189

DAO의 작동 원리와 목적 지향 토큰 189

시티DAO와 컨스티튜션DAO의 등장과 이해 191

보건 및 의료 분야 DAO의 유형과 특징 196

DAO를 둘러싼 이슈와 미래 전망 201

DAO에 대한 법·제도 현황 201

미국의 FIT21과 탈중앙화 204

새로운 사이버 문명의 설계를 위하여 207

대의 민주주의에서 직접 민주주의로 213

수평적, 개방적, 분산화된 혁신 213

정책 제안: DAO를 활용한 여론조사 215

7장 웹3 기술과 민주주의를 향하여

웹3 공간에서 디지털 격차와 리터러시 225

가상자산과 NFT 접근성 향상을 위한 움직임 225

리터러시 교육 프로그램 구축과 가이드라인 231

사례 분석: 오픈씨 스캠 이메일과 이용자 커뮤니티 234

웹3 기술과 크립토 민주주의의 현재 244

탈중앙화된 인터넷과 새로운 민주주의 244

웹3 기술이 해결해야 할 과제 246

마무리: 소버린 체인 능력 구축 251

표 차례

〈표 1〉 핵심 개념에 대한 정의: 블록체인 및 블록체인 네트워크 40
〈표 2〉 웹3을 구성하는 5단계 레이어 구조 46
〈표 3〉 웹3 분야 연구 주제 생태계 58
〈표 4〉 네트워크 기반 보완성 VS 렛저 기반 중복도 81
〈표 5〉 네트워크 유형에 따른 거버넌스 효율성과 역할 구조에 대한 비교 85
〈표 6〉 스테이블 코인의 개념 정의와 유형 106
〈표 7〉 레딧 토큰화 및 경제 설계, 그리고 실험 결과 120
〈표 8〉 각 ERC 표준의 주요 기능과 목적 134
〈표 9〉 PFP NFT 이더리움 거래량과 트윗 메시지 유통량 155
〈표 10〉 이더리움과 DAO: 전통적 조직과의 비교 분석 178
〈표 11〉 DAO 활동 및 내용 179
〈표 12〉 웹3 기반 DAO에 대한 이론적 입장의 비교 183
〈표 13〉 시티DAO(City DAO)에 대한 요약 193
〈표 14〉 컨스티튜션DAO(Constitution DAO)에 대한 요약 196
〈표 15〉 보건 및 의료 분야 DAO의 예시와 특징 198
〈표 16〉 웹3 기반 사이버 문명과 현금 매개 산업 문명 비교 208
〈표 17〉 다양한 기능의 가스 비용 211
〈표 18〉 주제별 웹3 리터러시 함양을 위한 교육의 목표, 내용, 대상 233
〈표 19〉 네트워크 분석 결과 239
〈표 20〉 네트워크 효과에서 주로 언급되는 메트칼프 및 리드의 법칙 247

그림 차례

〈그림 1〉 비트코인을 처음 제안한 모델 42
〈그림 2〉 이중 지출 문제를 포크 모양으로 표현한 이미지 43
〈그림 3〉 이더리움 개발자 비탈릭 부테린의 계정 현황 51
〈그림 4〉 2015년 3%에서 무려 10배 증가한 멀티체인 개발자 규모 60
〈그림 5〉 2018년의 멀티체인 개발자에 대한 연결망 분석 61
〈그림 6〉 2023년 웹3 생태계 간 개발자 공유 현황 62
〈그림 7〉 분류적 조망 74
〈그림 8〉 메사리 2022년 보고서에 나타난 디핀 89
〈그림 9〉 2024년 3월의 플로키 소각을 위한 DAO 투표 91

〈그림 10〉 2024년 4월에 부테릭이 올린 트윗 95
〈그림 11〉 솔라나 오작동을 풍자하는 트론(TRON) 커뮤니티 110
〈그림 12〉 미국 정부가 보유한 비트코인 수 117
〈그림 13〉 기관 및 정부 유형별 비트코인 보유 현황 118
〈그림 14〉 자산의 유형과 NFT 132
〈그림 15〉 일본의 지역 활성화를 위한 웹3 연구소 홈페이지 140
〈그림 16〉 크립토와 NFT를 바라보는 유형 141
〈그림 17〉 오토글리프(autoglyphs) 10점 사진 143
〈그림 18〉 NFT 마켓플레이스의 돈세탁 의심 거래량 145
〈그림 19〉 오픈씨(OpenSea) 이메일 접속 화면 147
〈그림 20〉 확대해 나가는 NEF 영역 148
〈그림 21〉 공동체 이익을 위한 NFT 데이터 공유 인프라 150
〈그림 22〉 2023년 전 세계 유수의 PFP 컬렉션 시가총액 154
〈그림 23〉 아더사이드 X(트위터) 계정 154
〈그림 24〉 한국과 미국의 문화적 차원 비교 159
〈그림 25〉 오픈씨(OpenSea)에 올라온 한글 NFT 161
〈그림 26〉 2018년 대비 국가별 개발자 점유율 증가 및 감소 비율 164
〈그림 27〉 칠리즈가 구축한 팬토큰 생태계 168
〈그림 28〉 칠리즈 X(트위터) 공식 계정 169
〈그림 29〉 팬토큰 가격과 유통량 170
〈그림 30〉 파리 생제르맹 팬토큰 가격 추이 171
〈그림 31〉 여러 DAO에 사용되는 웹3 핵심 기술 182
〈그림 32〉 시티DAO를 처음 제안한 핏시몬즈의 X(트위터) 계정 192
〈그림 33〉 오픈씨(OpenSea)에 올라온 시티DAO NFT 컬렉션 195
〈그림 34〉 토큰 소유 분포에 따른 탈중앙화 현황 206
〈그림 35〉 오픈씨(OpenSea)에 개설된 PoC의 NFT 컬렉션 226
〈그림 36〉 오픈씨(OpenSea)에 개설된 WoW의 NFT 컬렉션 228
〈그림 37〉 비트코인, 이더리움, 웹3 기술의 발전 과정 232
〈그림 38〉 저자에게 온 오픈씨(OpenSea) 이메일의 제목과 앞부분 235
〈그림 39〉 스캠 이메일이 저자에게 제시한 NFT 매수 가격 236
〈그림 40〉 오픈씨(OpenSea) 스캠 이메일에 대해 레딧에서 이용자들이 자발적으로 토론을 하는 모습 237
〈그림 41〉 노드엑셀 레딧 데이터 수집 화면 238
〈그림 42〉 레딧 이용자들 사이의 토론 네트워크 240

1부 | 인터넷, 중앙에서 벗어나기

1장 | 인터넷의 중앙 집중화와 문제점

디지털 자본주의와 시장 구조의 변화

빅테크의 독점을 개선하기 위한 노력

2장 | 패러다임의 전환과 웹3 탄생

블록체인: 기술적 작동 원리 및 동향

웹3의 등장과 진화

3장 | 블록체인의 설계 방식과 탈중앙화

분산적 인터넷에 대한 개념적 논의

사례 분석, 읽을거리, 생각거리

1장 | 인터넷의 중앙 집중화와 문제점

디지털 자본주의와 시장 구조의 변화

디지털 민주주의와 데이터 접근성

인터넷은 본래 미국에서 군사적 목적으로 개발되었으나 중앙 집중형 네트워크를 벗어나려는 특징을 보이고 있다. 지난 30년간 인터넷은 전 세계적으로 수평적 정보의 흐름을 통해 민주화를 촉진해 왔다. 또한 지난 수년 동안 소셜미디어 기업들이 온라인 도달 범위와 참여면에서 긍정적인 발전을 이루었다. 사용자들은 뉴스 기사를 소셜미디어에 공유하고 인터넷 토론 그룹에 올리며 친구들과 팔로워들에게 전달하는 방식으로 정보를 널리 퍼뜨렸다. 이런 방식으로 정보를 교차 게시하거나 전달하는 행위가 활발해지면서 소셜미디어는 영향력을 점점 키워 갔다. 웹2 시대 소셜미디어 플랫폼은 일반 대중뿐만 아니라 저널리스트, 연구자, 정부 관리자, 비즈니스 분석가, 그리고 시민 활동가들에게 유용한 정보와 전문적인 분석을 제공하는 중요한 자원으로 자리 잡았다.

그러나 미국의 자유주의적 환경 속에서도 인터넷 기업들은 의사소통과 지식의 독점을 일으키며 중국의 사회주의 기업들과 크게 다르지 않은 현상을 만들어내고 있다. 독자층이 급격히 증가함에 따라 빅테크 기업들의 온라인에서의 존재감도 더욱 강화되었다. 이는 진실을 전달하려는 이들에 대한 빅테크의 묵시적인 억제력으로 이어졌다. 이러한 기업들은 수정헌법 제1조와 통신품위법(CDA) 제230조의 보호를 받으며 플랫폼 안에서 자유롭게 활동할 수 있다. 이 법들은 표현의 다양성을 보장하고 소셜미디어 기업에 사용자 콘텐츠에 대한 면책 권한을 부여한다. 수정헌법 제1조는 다양한 표현과 의견의 자유로운 경쟁을 보장하는 조항이며 통신품위법 제230조는 소셜미디어 기업이 이용자가 올린 허위 조작 콘텐츠와 관련하여 면책을 부여한 규정이다.

그레셤의 법칙이 언급하는 바와 같이 인터넷상에서 질 낮은 정보가 양질의 콘텐츠를 밀어내는 현상이 자주 발생한다. 이러한 현상은 플랫폼들이 수익성을 이유로 저질 콘텐츠를 방치하는 경향 때문이다. 소셜미디어 서비스 제공자들은 수정헌법과 통신품위법에서 광범위한 자유와 면책권을 부여받고 있어 이들은 사용자가 생성한 콘텐츠에 대한 책임으로부터 상당한 보호를 받는다. 설상가상으로 트위터 같은 플랫폼에서 소유주가 바뀌면 콘텐츠에 대한 표현의 자유와 공정성 기준도 변경될 수 있다. 일론 머스크가 트위터를 인수한 뒤 도널드 트럼프 전 대통령의 계정을 복원한 사례는 이러한 변화를 보여 준 예시 중 하나다.

빅테크 회사들이 독단적으로 행동하여 이용자들의 권리와 이익을 저해하는 사례가 한국에서도 발생했다. 특히 트위치는 망 이용료가 비싸다는 이유로 국내 이용자와 스트리머[1]의 의견을 고려하지 않고 일방적으로 한국 시장에서 철수했다.[2] 트위치는 미국의 아마존닷컴 소속으로 전 세계에서 가장 큰 인터넷 게임 방송 플랫폼으로 알려져 있다. 이 서비스는 사람들이 게임을 직접 하기보다 보는 데 더 재미를 느낀다는 점에 착안해 큰 인기를 끌었다.

이 플랫폼은 약 10억 명 이상의 방문자를 기록하고 있었지만 2024년 2월부터는 한국에서 서비스를 중단한다고 발표했다. 이들이 철수하면서 한국에서 활동하던 스트리머들과 계약도 해지됐다. 망 이용료 문제는 여전히 논란의 여지가 많지만 트위치가 이용자 보호에 소홀한 것은 명백하다. 한국 정부가 트위치에 효과적인 제재를 가하는 게 어렵다는 점도 문제로 남아 있다.

GAFA연합군의 등장과 글로벌 인터넷 독점

1990년대 중반 인터넷이 대중적으로 등장했을 때 사람들은 새로운 네트워크 기술이 중앙화된 집단주의 권력에 대한 개인주의의 승리를 가져올 것으로 생각했다. 30여 년이 지난 지금, 사람들은 국가의 과도한 간섭으로부터 시민을 보호할 필요성만큼이나 데이터를 독점한 플랫폼 기업으로부터 개인의 디지털 권리를 보장받기를 원한다.

---

1 스트리머는 정보가 흐른다는 뜻을 지닌 영어 stream에서 비롯되어 명사형 streamer를 의미하며 인터넷을 통해 오디오나 비디오 등을 실시간으로 내보내며 방송하는 사람을 뜻함.

2 https://www.etnews.com/20240222000357?mc=nl_001_00005&mi=5 01515

2020년을 전후한 당시 페이스북을 중심으로 개인정보가 악용되는 사례가 발생하면서 인터넷에서 사생활 침해가 증가하고 있었다. 중앙 집중식 서버에 의존하는 현재의 인터넷은 개인뿐만 아니라 공동체에도 해를 끼치는 것으로 나타났다. 가파(GAFA: Google, Amazon, Facebook and Apple)연합군이라는 용어에서 알 수 있듯이 국제적인 수준에서 새로운 형태의 디지털 제국주의를 경계해야 한다는 목소리도 높아지고 있었다. GAFA연합군은 사실상 전 세계의 모든 데이터가 몇몇 미국 기반의 플랫폼 기업들에 관리된다는 것을 시사했다.

글로벌 데이터와 정보 흐름을 누가 통제하는지를 우리가 실질적으로 분석한 데이터 계량적 연구를 보더라도, 현재 인터넷의 글로벌 사용이 평등하다고 단언하기 위해선 큰 주의가 필요하다.[3] 국가 간 대역폭, 국가 도메인 이름 간 하이퍼링크, 특정 웹사이트의 트래픽 비율, 그리고 국가들이 공유하는 인기 웹사이트 비율을 통해 인터넷이 언어, 지리, 역사적 상황에 의해 형성된 작은 핵심(core) 세계의 주도 아래 구성됐음이 발견됐다. 빅데이터와 알고리즘 기반 플랫폼의 성장은 데이터 산업을 몇몇 집단에 집중시켰다.[4] 이것은 미디어 및 통신 정책, 네트워크 감시, 인터넷 거버넌스에 중요한 사회적, 경

---

3 Barnett, G.A., Park, H.W. (2014). Examining the international internet using multiple measures: new methods for measuring the communication base of globalized cyberspace. Quality & Quantity, 48, pp. 563-575. https://doi.org/10.1007/s11135-012-9787-z

4 Mansell, R. (2016, July 20). Surveillance, power and communication. Open Democracy. https://www.opendemocracy.net/en/digitaliberties/surveillance- power-and-communication

제적 의미를 지닌다.

현재 인터넷 시스템이 자유롭게 연결된 네트워크라고 보기 어렵다는 주장은 또 있다. 미국이 지하 통신망을 통해 세계 경제를 조종하려고 있음을 지적한 것이다.[5] 또한 미국이 금융 시스템을 무기화하기 위해 보이지 않는 인터넷을 사용했다는 것이다. 이는 일부 의도적이고 일부는 우연한 결과다. 왜냐하면 인터넷의 주요 교차점을 통제함으로써 미국 정부는 적의 대화를 몰래 듣거나 세계 금융 시스템에서 그들을 차단할 수 있기 때문이다. 미국의 영향력은 군사용 하드웨어뿐만 아니라 소셜미디어 소프트웨어에 이르기까지 다양한 분야에 걸쳐 있다. 하지만 인터넷을 미국의 '지하제국'이라고 비유하며 비판하는 것은 글로벌 네트워크의 구조와 흐름을 너무 피상적으로 재단하는 것이라는 지적도 있다.[6] 미국이 자국의 경제력을 무기화한 것은 분명하지만 미국의 경제력이 금융이나 다른 데이터의 지하 네트워크에 숨어 있다는 주장은 설득력이 부족하다.

글로벌 인터넷을 정확히 이해하기 위해 다양한 지표가 필요하다. 통치, 권력, 감시와 같은 주제는 사회적, 정치적, 경제적 문제들과 밀접한 관련이 있다. 인터넷 프로토콜을 단순히 미디어 중심적으로 해석하거나 실제 사용 및 통치 맥락을 고려하지 않는 경우가 종종 발생한다. 때로는 투명한 알고리즘 설계의 중요성을 잊을 위험이 있

5 Farrell, H., & Newman, A. (2023). Underground Empire: How America Weaponized the World Economy. New York, NY: Henry Holt and Company.

6 Alan Livsey (2023, 9. 18). Underground Empire—how America uses its data networks to control the global economy. Financial Times. https://www.ft.com/content/d00426ad-19d9-4e0f-be75-93c6b6a 8cc64

다. 현재 인터넷 커뮤니케이션은 미국 중심의 대기업 권력과 산업 관계에 많이 연결되어 있지만 미국이 글로벌 네트워크에서 예전만큼 '덜' 혹은 예전보다 '더' 중요한 위치를 차지하는지를 파악하기 위한 증거는 지속적으로 수집될 필요가 있다. 그리고 인터넷 정보 흐름을 만드는 이들, 기업 및 국가 감독자들은 사회과학자들과 일반 사용자들의 인터넷을 다르게 이해하기도 한다.

데이터 식민주의와 디지털 자본주의의 고도화

캐나다 몬트리올에 있는 세계화연구센터(CRG, Centre for Research on Globalization)[7]는 사회, 정치, 경제 등 다양한 주제에 대한 분석과 뉴스를 제공하는 독립 미디어 기구로 그들의 소셜미디어 계정인 메타(페이스북)와 X(트위터) 폐쇄는 주류 미디어에서 다루지 않는 중요한 이슈를 제기하며 비판적 좌파 혹은 음모주의 시각을 유지하는 태도 때문일 수 있다.[8] 이 사례는 온라인 검열이 민주주의에 큰 타격을 줄 가능성이 있다는 점을 시사한다. 계정 폐쇄 후 새로운 계정 생성 시도가 이어져도 성공하기 어렵다. 이는 빅테크 플랫폼이 어떠한 진실을 말하려는 시도조차 억누를 수 있는 권한을 가지고 있음을 시사한다.

특히 '데이터 식민주의'라는 용어는 새로운 형태의 통제와 착취를 개념화하는 용어로 등장했다.[9] 과거 식민주의는 세계 각국에서 자

---

7 https://www.globalresearch.ca/about-2

8 https://mediabiasfactcheck.com/global-research

9 Mejias, U.A., & Couldry, N. (2024). Data Grab: The new Colonialism of Big Tech and how to fight back. Random House.

연 자원을 약탈하고 노동력을 착취하며 사유 재산을 도용했다. 현대화와 문명화를 약속했으나 실제 목적은 통제였다. 식민지배자들은 토착민들에게 이해할 수 없는 계약을 강요하며 단순히 그 자원이 존재한다는 이유로 자원을 강탈했다.

디지털 기술의 보급과 확산으로 식민주의는 사라지지 않고 새로운 형태로 변모했다. 새로운 세계 질서에서 데이터는 새로운 석유가 되었다. 대형 기술 기업들은 시민의 가장 기본적인 디지털 발자국인 데이터를 차지하고 활동 사항과 온라인 연결망을 추적하며 사람들의 정보를 재포장하여 이용자의 관점에 영향을 미치거나 생각하는 방식을 통제하기도 한다. 디지털 공간에서의 모든 움직임을 추적하며 이용자의 대화를 기록하고 해당 기록에 근거하여 후속적 이용을 차별하기도 한다. 이용자들이 생각 없이 이용약관에 '동의'를 클릭할 때마다 가장 개인적인 신원정보가 무기한 보관되고 대형 기술 기업이 재포장하여 그들의 이익을 위해 이용자를 통제한다.

데이터 식민주의가 고도화되면서 시장과 권력에서 빅테크 기업들이 시장 경쟁을 왜곡하고 자본주의 경쟁 질서에 혼란을 초래할 수 있는 광범위한 영향력이 문제가 되고 있다. 디지털 자본주의(digital capitalism)는 디지털화가 자본주의 사회의 정치, 경제, 문화의 다양한 측면과 상호작용하며 미디어, 문화 및 커뮤니케이션 분야에 큰 영향을 미치는 체제다.[10] 푹스(Fuchs)는 디지털 노동의 맥락에서 제국주의, 가부장제, 노예제, 인종차별 등을 주요 주제로 다루면서 폭스

10 Fuchs, C. (2022). Digital Capitalism: Media, Communication and Society Volume Three. Routledge.

콘(Foxconn)과 페가트론(Pegatron) 노동자, 구글(Google)의 소프트웨어 엔지니어 등을 구체적으로 분석했다. 또한 자본주의 위기에서 소셜미디어의 역할을 검토하기 위해 페이스북(Facebook), 구글(Google), 유튜브(YouTube), 인스타그램(Instagram)과 같은 타겟 광고 기반 빅테크 기업의 정치 경제적 요소들을 통해 디지털 자본주의 사회의 작동 방식을 깊이 있게 이해하고자 노력했다.

구체적으로 들어가면 빅테크 기업이 구축하는 미디어 플랫폼은 일반적인 자본주의 경제의 시장과는 다르다.[11] 그 이유는 기존의 제조업체들이 이미 존재하는 시장에서 주로 제품을 생산하는 반면 빅테크 기업들은 그들이 직접 만들어낸 시장을 운영하고 있기 때문이다.[12] 빅테크 기업은 또한 소비자들에게 주로 무료로 제공되는 편리한 기능과 즉각적인 서비스를 통해 새로운 시장 창출을 추구한다. 시장이 만들어지고 그들의 독점이 확보되면 소비자는 해당 기업이 소유하고 통제하는 특권화된 정원을 벗어나기가 어려워진다. 이러한 시장 독점은 소비자들에게는 제한된 선택권을 부여하고 기업들은 경쟁자를 배제하거나 제한할 수 있다. 이러한 상황에서 소비자들은 다른 대안이나 선택지를 찾기가 어려워지며 이는 시장 경제의 기본 원칙에 반하는 결과를 초래할 수 있다.

---

11 Staab, P. (2024). Markets and Power in Digital Capitalism. Manchester University Press.

12 이것은 Staab(2024)의 주장으로 영어 원문은 다음과 같음. They are not primarily producers operating in markets but markets in which producers operate.

빅테크의 독점을 개선하기 위한 노력

유럽연합의 정책적 대응

다른 한편 공급자인 빅테크 및 플랫폼 기업과 수요자인 시민 사이의 비대칭성을 줄이기 위해 유럽연합(EU)이 다양한 이니셔티브를 통해 다양한 정책 수단을 제정하고 실질적인 행동 규제를 검토하려는 변화의 선두에 서 왔다. 국가 정책을 통해 공동체를 위한 보편주의적 디지털 책무를 확보하는 방법으로 다음과 같은 정책적 조치들이 있었다.[13] 불법 및 유해 콘텐츠 관련 새로운 범죄에 대한 규제, 선거 중 온라인 광고 콘텐츠 규정과 같은 이슈별 조항, 구속력 있는 윤리 강령 및 규칙, 개인정보보호 및 데이터 보안 조치 등이다.

나아가 법률적으로는 첫째, 2022년 7월 23일 채택한 디지털 서비스법(DSA, Digital Services Act)이 있다. 이 법은 온라인 기본권 확보, 정보 및 표현의 자유를 위한 안전장치와 온라인 불법 콘텐츠 제한을 위한 표적 조치의 균형 유지, 알고리즘 투명성 및 책임 강화, 온라인 광고 규제 강화, EU 내 월간 사용자가 4,500만 명이 넘는 초대형 온라인 플랫폼(VLOP)에 대한 특별 '주의 의무' 의무 제공 등을 목표로 시작했다.

이후 2024년 2월 EU는 DSA 적용 범위를 확대했다.[14] 메타와 아

---

13 Flew, T. (2024). Epistemic Rights and Digital Communications Policies: Collective Rights and Digital Citizenship. In: Minna Aslama Horowitz, Hannu Nieminen, Katja Lehtisaari, Alessandro D'Arma (Eds.), Epistemic Rights in the Era of Digital Disruption. pp. 81-96.

14 https://apnews.com/article/eu-european-union-digital-services -act-4fc60b69253bcbbf9f46a84cbd93bdaf

마존과 같은 주요 VLOP에만 제한되었던 규제를 거의 모든 온라인 플랫폼으로 넓혔다. 이번 조치로 이베이(eBay)와 온리팬스(OnlyFans)를 포함한 수천 개의 추가 웹사이트가 DSA의 규제 관할에 들어가게 되었다. 이번 조치로 인해 직원 수가 50명 미만이고 연간 매출이 1,000만 유로 미만인 소규모 기업만이 규제 적용에서 제외되었다.

둘째, 디지털 시장법(DMA, Digital Markets Act)은 온라인 경쟁을 촉진하기 위해 마련되었다. 이 법은 가장 큰 디지털 플랫폼(VLOP)이 '게이트키퍼' 역할을 하여 새로운 경쟁자의 진입을 막는 것을 방지하기 위해 개인 데이터의 재사용에 대한 제한 등 다양한 조치를 규정하고 있다.

2024년 3월 유럽연합이 디지털 시장법을 전면 시행하며 아마존, 애플, 마이크로소프트, 구글의 모회사 알파벳, 틱톡의 모회사 바이트댄스 등 여섯 곳을 게이트키퍼로 지정하고 규제를 발표했다. 이 법 시행 이후 첫 위반 사례로 애플의 앱스토어가 지목되었다. 이어서 메타와 마이크로소프트, 삼성전자와 구글(Google)의 파트너십도 조사 검토 중인 것으로 알려졌다.

2024년 인공지능 기반 모바일 시대가 도래하면서 오픈AI(OpenAI)와 마이크로소프트(Microsoft), 오픈AI와 애플(Apple), 애플과 구글(Google) 등 여러 형태의 독점적 협력 관계가 나타날 가능성이 있다.[15] 소셜미디어에서는 구글과 애플의 합성어인 '구플(Goople)'이라는 신조어까지 생겼다. 만약 '구플'이 현실화되어 특정 빅테크 기업의 독점이 커진다면 유럽연합은 디지털 시장의 공정 경쟁을 보장하기 위

---

15 https://mailchi.mp/themiilk/viewsletter600?e=3231964535

해 추가적인 규제 방안을 마련할 수 있을 것이다. 이에 따라 게이트키퍼로 지정된 기업들은 더욱 엄격한 규제를 받을 것으로 예상된다. 유럽연합은 소비자 보호와 공정 경쟁을 위해 지속적으로 감시를 강화하고 있으며 이러한 움직임은 글로벌 테크 기업에 큰 영향을 미칠 것이다.

셋째, 미디어 자유법(MFA, Media Freedom Act)이 있다. 이 법은 유럽 미디어 시장의 경쟁을 촉진하고 미디어 다원성을 확보하고 뉴스 품질을 보호하고 언론인의 보호를 강화하는 것을 목적으로 한다. 또한 디지털 플랫폼 운영과 관련된 복잡성을 고려하여 기술주의적 요소도 포함하고 있다.

유럽연합은 다른 국가나 지역과 비교해 반독점에 대한 견제가 상대적으로 강하기 때문에 플랫폼 권력 문제를 해결하기 위한 공공정책 개발과 행정적 접근을 취하고 있다. 그럼에도 불구하고 이러한 규제적 접근만으로는 인터넷을 둘러싼 공급자와 수요자 사이의 근본적인 권력 관계를 해결하기 어렵다. 따라서 기업과 국가 권력의 영향력 확대에 맞서 시민의 권한을 강화하고 디지털 기술의 시민 잠재력을 되살리기 위해 웹3와 블록체인 기술이 등장한 것은 자연스러운 현상이다.

특히 시민들의 인식론적 권리를 확대하는 것은 단기적 목표에 집착하는 정책이나 포퓰리즘 캠페인을 예방하는 데 효과적일 수 있다. 이는 유권자가 정서적 극단에 빠지거나 극도로 당파적인 태도로 정책을 평가하는 것을 방지할 수 있기 때문이다. 이 과정에서 인식론적 권위를 가진 학술 엘리트는 지속 가능한 정책을 위한 증거를 제공하는 지식을 생성해야 한다. 메데와 셰퍼(Mede and Schäfer)는 지식

인들이 어떤 주제의 연구와 정책을 결정하고 진실을 말할 권리를 통해 사회적 의제를 설정하며 문제가 있는 영역을 제한하는 능력이 있다고 지적했다.[16] 이를 통해 사회과학 분야의 인식적 권위를 가진 저명한 학자들의 연구는 과학적 규범, 연구 및 정책 의제를 정치인, 행정가, 일반 대중에게 안내하는 역할을 할 수 있다.

사례 분석: 아마존의 아이로봇 철회

디지털 민주주의의 관점에서 빅테크 기업의 데이터 독점을 차단하는 정책적 사례로서 2024년 초 아마존이 유럽연합(EU)과 미국 정부의 반독점 규제를 고려해 아이로봇(iRobot) 진공청소기 제조업체 인수를 철회한 사례를 들 수 있다.[17] 이는 아마존과 같은 대기업이 데이터를 통해 시장에 지배력을 행사하는 것을 방지하는 것을 목표로 하는 규제들의 효과를 입증하는 예다. 미국 연방무역위원회(Federal Trade Commission)와 유럽연합 규제 당국이 이러한 대규모 기업의 시장 독점 가능성에 대해 우려를 표명하자 아마존은 14억 5,000만 달러 규모의 인수를 취소했다. 이로써 아이로봇의 주가는 하락했다.

전통적인 관점에서는 가정용 청소 로봇과 아마존의 주력 분야인 온라인 소매 및 클라우드 컴퓨팅과 같은 시장으로 보기 어렵다. 그러나 빅테크 기업은 새로운 스타일의 수요 창출을 통해 포화 된 디지털 시장에서 또 다른 유형의 데이터 독점 체제를 창출할 수 있

---

16 Mede, N.G., & Schäfer, M.S. (2020). Science-related populism: Conceptualizing populist demands toward science. Public Understanding of Science (Bristol, England), 29, pp. 473-491.

17 https://www.ft.com/content/d0617de3-91bd-45cc-8568-5ea6e06 3065e

으며 이를 통해 통제할 수 없는 플랫폼 권력을 쌓을 수 있음을 인식하고 규제 당국이 이를 방지하려 노력한 결과다. 그러나 빅테크 기업들이 이미 시장의 주요 플레이어로 자리 잡고 있으며 그들의 영향력은 경제와 사회의 여러 측면에 걸쳐 광범위하기 때문에 규제 방안은 예상치 못한 결과를 가져올 수 있다.

따라서 규제 당국은 이러한 시장 확장이 기존 경제 구조에 어떤 영향을 미치는지 주의 깊게 살펴보고 빅테크 기업들의 독점적 지배력을 제한하는 정책을 신중하게 시행해야 할 필요성도 있다. 이는 시장의 건전한 발전과 소비자 보호를 목표로 하면서도 혁신과 경제 성장을 저해하지 않는 방향으로 균형을 잡아야 함을 뜻한다.

새로운 데이터 식민주의와 디지털 자본주의에서 웹3 기술은 중요한 역할을 할 수 있다. 웹3는 블록체인, 분산 원장 기술 등을 활용하여 데이터의 소유권과 사용권을 사용자에게 돌려줄 수 있는 기술적 가능성을 제공한다. 이를 통해 사용자는 자신의 데이터를 직접 통제하고 자신의 정보를 더 투명하게 관리할 수 있으며 개인정보보호 및 가치의 귀속을 스스로 결정할 수 있다. 이러한 변화는 기술 기업의 일방적인 데이터 독점을 분산하고 실질적인 사용자 중심의 데이터 경제를 가능하게 할 것이다.

빅테크 기업들은 자본주의 시장에 적응하는 것을 넘어서 오히려 자본주의 경제의 기초를 흔들어 새로운 형태의 시장을 창출하고 있다. 이러한 시장의 형성은 기존의 시장 모델과는 다른 접근 방식과 독자적인 특성이 있어 전통적인 경제 이론과 모델에 대한 재고와 혁신을 요구한다. 이러한 상황에서 정부와 규제 기관들은 빅테크 기업의 시장 독점을 제한하고 공정한 시장 경쟁을 유지하기 위한 조치가 필요하다.

그럼에도 불구하고 아마존의 청소 로봇 사례는 웹3와 같은 탈중앙화된 인터넷 모델이 성공할 수 있음을 시사한다. 이는 대규모 기술기업의 독점적 행태를 민주적으로 통제하려는 규제가 효과적일 경우 다양한 이해관계자가 공정하게 경쟁할 수 있는 더 개방적이고 분산된 디지털 생태계의 가능성을 제시하기 때문이다. 이는 디지털 민주주의를 강화하고 시장 독점으로 인한 문제를 완화하는 중요한 단계가 될 수 있다.

인식론적 권리 구축과 '코드가 법이다'

이렇게 변화된 상황에서 개인이 인터넷이 지닌 상상력을 되찾기 위해서는 디지털 기술의 접근 및 사용을 바람직하게 촉진하는 새로운 민주적 역량과 권리가 필요하다. 국가 정책을 통해 공동체를 위한 이러한 보편주의적 디지털 책무를 확보하는 방법으로 '인식론적'(epistemic) 권리 구축이 필요하다는 주장에 우리는 집중할 필요가 있다.[18] 시민들이 정보에 입각하여 합리적인 의사 결정을 내릴 수 있도록 모든 관련 정보와 지식을 동등하게 제공받을 수 있는 권리를 뜻한다.[19] 인식론적 권리의 확대는 플랫폼 권력의 과제를 장기적으로 해결할 수 있는 근본적인 토대를 마련할 수 있으며 이는 단기적인 행

---

18 Flew, T. (2024). Epistemic Rights and Digital Communications Policies: Collective Rights and Digital Citizenship. In: Minna Aslama Horowitz, Hannu Nieminen, Katja Lehtisaari, Alessandro D'Arma (Eds.), Epistemic Rights in the Era of Digital Disruption. pp. 81-96.

19 영어 원문은 다음과 같음: Citizens have equal access to all relevant informa tion and knowledge necessary for informed will formation. p. 84.

정적 해결책이나 포퓰리즘적 정책 개발의 한계를 극복하는 데에도 기여할 수 있다.

포퓰리즘 정책은 어느 나라에서나 정치인들이 선거에서 승리하기 위한 캠페인 전략으로 주요하게 활용된다. 이는 정책의 본질보다 감정을 자극하는 방식으로 유권자에게 다가가는 경우가 많기 때문이다. 실제로 정서적 요소가 강한 소셜미디어 메시지가 논증 중심의 콘텐츠보다 공유될 가능성이 높다는 연구 결과가 있다. 부정적인 내용이 긍정적인 정보보다 널리 퍼질 가능성이 더 높으며 특히 이념적으로 극단적인 위치에 있는 사람들에게는 긍정적인 콘텐츠보다 부정적인 콘텐츠가 더 큰 영향을 미친다.[20] 이는 정치인들이 상대방 비판과 자신의 정책을 강조하는 감정적 호소를 선호하는 경향이 있다는 것을 보여 준다.

그러나 감정적 호소가 최종적으로 효과적인지에 대해서는 논란의 여지가 있다. 유럽의 비영리 단체인 경제정책연구센터(The Centre for Economic Policy Research)의 2019년 필리핀 상원의원 선거 연구에서는 감정적 호소와 이성적 정책 정보 제공의 효과를 비교했다.[21] 연구 결과 감정적 활동이 캠페인 참여를 단기적으로 증가시킬 수는 있

20 Weismueller, J., Harrigan, P., Coussement, K., & Tessitore, T. (2021). What makes people share political content on social media? The role of emotion, authority and ideology. Computers in Human Behavior, 129, pp. 107-150.

21 Cruz, C, J Labonne and F Trebbi (2024), 'DP18870 Campaigning Against Populism Emotions and Information in Real Election Campaigns', CEPR Discussion Paper No. 18870. CEPR Press, Paris & London. https://cepr.org/publications/dp18870

으나 직접적인 정책 정보 제공이 더 투표 점유율을 높일 수 있다는 것을 발견했다. 즉, 정책의 질을 중시하는 유권자들은 포퓰리즘적·감정적 설득보다 정당에 대한 확신과 권위를 더 높게 평가한다.

기존 인터넷 문제를 해결하기 위한 시민의 윤리적 역량 강화와 인식론적 권리의 확대가 대응 방안으로 볼 때 미약하게 여겨질 수 있으나 이는 근본적인 해결 방안이 될 가능성이 높다. 그런데 한편으로 이 방안은 장기간 지속적 노력을 동반해야 하므로 실효성이 높지 않을 수 있다. 또 다른 한편으로 정책은 정치인의 포퓰리즘에 따라 변질되거나 제도적 강제 수단이 부작용을 낳을 위험도 있다. 법·제도가 일단 정해지면 새로 생기는 기술적 문제의 변화 속도를 따라잡기 어렵고 문화적 지체 현상을 초래할 수 있다. 법에 명시되지 않은 행위를 잘못이 아니라고 여기는 경향도 있다.

이러한 상황에서 '코드가 법이다'는 관점이 중요한 역할을 할 수 있다.[22] 이는 기술로 발생한 문제를 기술 자체로 해결하려는 레식(Lessig)의 접근 방식을 의미한다. 그는 디지털 시대의 도전과 기회를 해결하기 위해 소프트웨어와 코드가 전통적인 법만큼이나 사회와 그 규칙을 형성하는 데 중요하다는 점을 강조한다. 이 관점은 시민들이 디지털 세계에서 자신의 권리와 책임을 더 잘 이해하고 그에 따라 행동할 수 있게 함으로써, 인터넷 공간을 더욱 건강하고 생산적인 환경으로 만들 수 있다는 가능성을 내포한다. 이는 기술 발전이 가져온 문제점들에 대해 법·제도적 해결책을 기다리는 대신, 기술 커뮤니티와 사용자들이 직접 참여하여 해결책을 모색하는 데에 더 큰 역

22 Lessig, L. (2006). Code: Version 2.0. Basic Books.

량을 발휘할 수 있음을 시사한다.

이러한 상황에서 블록체인 렛저(ledger)[23] 기술의 탈중앙화 약속과 글로벌 디지털 플랫폼 대기업으로부터 독립적이고 자유로운 인터넷의 회복을 주장하는 움직임이 등장했다. 한국에서 열린 '코드 컨퍼런스 2022'[24]에서 레식은 웹3가 단순히 마케팅 용어로 치부될 수 있지만 실제로는 데이터와 네트워크의 중앙 집중화를 분산하며 초기 인터넷의 정신을 회복할 수 있는 잠재력을 갖고 있음을 언급했다. 특히 GAFA 플랫폼 기업이 새로운 형태의 분산자율조직(DAO, Decentralized Autonomous Organization)에 자리를 내주는 것이야말로 대안적이고 유망한 선택 중 하나였다. 왜냐하면 블록체인을 통해 데이터와 네트워크는 근본적으로 탈중앙화와 개인 자산화가 가능할 것이라는 기대에서 빠르게 주목받고 있었기 때문이다.

따라서 시민들의 디지털 리터러시 향상과 기술적 해결책에 대한 이해를 높이는 것은 인터넷 문제 해결의 핵심적인 부분이며 이를 통해 더욱 효과적이고 지속 가능한 변화를 이끌어 낼 수 있다. 하지만 렛저 기술의 탈중앙화 특성은 크고 민감한 데이터의 중앙 집중화라는 단점을 극복할 수 있는 유망한 지평을 가지고 있었지만 2022년을 전후해 분산금융(DeFi)[25]에서 나타났던 가상자산 산업 자체의 문제도 해결하지 못했다. 다시 말해서 웹3 미디어의 블록체인 기반 렛저의 분산성 덕분에 GAFA가 지배하는 인터넷의 방향을 바꿀 가능

---

23 렛저를 번역하면 거래를 기록하는 장부며 이 기술은 거래 데이터를 시간 순서대로 연결된 블록 형태로 저장하여 변조 불가능한 분산형 데이터베이스를 구현하는 방식으로 DLT(distributed ledger technology)로 알려져 있음.

24 http://codecon.kr

성에 대한 낙관적인 입장을 견지하고 있었긴 하지만 이를 뒷받침하는 인문 사회학적 논의는 부족했다.

웹3 진영에서는 블록체인이 단기적으로는 투자 시장에서 과대평가 되었을지 몰라도 장기적으로는 과소평가 되었다고 주장한다. 이들은 블록체인이 탈중앙화를 통해 플랫폼 권력의 과제를 해결할 수 있는 잠재력이 있다고 주장한다. 하지만 진정한 탈중앙화를 위한 블록체인 응용의 한계에도 불구하고 기술이 가진 자질과 장점들에 지나치게 집중하고 있기도 하다. 2024년 초에 미국 금융당국의 비트코인 ETF[26] 승인은 웹3 옹호론자들이 단기적인 경제적 투자 이익의 추구에만 몰두할 것이 아니라 네트워크의 탈중앙화, 분산화 등의 장기적인 구조 변화를 위해서는 과거 어느 때보다 더 노력해야 함을 시사한다. 웹3 기술은 아직 개발 초기 단계에 있으며 여러 한계를 극복하기 위한 노력을 이어가야 한다.

---

25 탈중앙화 금융(Decentralized Finance)의 약자로서 가상자산을 매개로 담보, 대출, 예치하는 새로운 형태의 금융 시스템을 의미함. 리얼파이는 현실(reality)을 접두사로 하여 디파이에서도 소외받은 계층까지도 포용하겠다는 목표를 내세우고 있음. 비트코인 이외 새로운 형태의 디지털 토큰의 개발과 함께 디파이와 리얼파이는 등장했으며 제한과 장벽이 없고 탈집중화된 재정 시스템의 구축을 위해서 계속 발전 중임.

26 상장지수 펀드(Exchange-Traded Fund)의 약자로 '거래소에서 거래되는 펀드'를 의미함. 이는 주식처럼 거래소에서 실시간으로 매매할 수 있는 투자 기구로 다양한 자산(주식, 채권, 원자재 등)을 바탕으로 구성되며 그 구성 자산의 성과를 추적함. ETF는 개별 자산을 직접 구매하고 관리하는 대신, 관련 자산군에 대한 광범위한 노출을 제공하여 투자자에게 다양화된 투자 기회를 제공함.

블록체인: 기술적 작동 원리 및 동향

서티파이에서 베리파이 알고리즘으로

졸업과 입학의 계절이 돌아오면 초중고는 졸업장을 받고 대학에서는 학사, 석사, 박사 학위기를 수여한다. 졸업장과 학위기는 학교에서 지정한 교육과정을 정상적으로 이수했음을 증명한다. 서명날인한 문서를 통해 교육의 질과 학위의 가치를 보증한다. 졸업 이후에 직장을 다니면 재직증명서를 발급받을 수 있다. 이것도 역시 소속 기관이 당사자의 근무 사실이나 임명을 인증한다.

영어의 '서티파이'(certify)는 '증명서를 발행하는 것'을 의미한다. 예를 들어 'certify a check'는 은행이 발행한 수표의 지급을 보증하는 것을 의미한다. 오늘날 사회체제는 권위를 부여받은 중앙 집중적 기관이 개인의 신분, 소유물, 금전적 재화 등에 대한 자격을 공식적으로 부여하는 방식으로 운영되고 있다. 따라서 이러한 시스템은 정부의 권한을 강화하고 금융기관에 법정 통화의 유통과 관리에 대한 배타적 권한을 부여해 왔다.

비트코인으로 대표되는 블록체인 시스템은 기존 자격증명 시스템의 문제점을 지적하며 탄생했다. 블록체인 옹호론자들은 소수의 기관이 인증을 독점하는 것은 민주적이지 않으며 탈중앙화된 체제와 비교하여 효율성을 오히려 저해할 수 있다고 주장했다. 구체적인 예로 전통적인 증명서는 발행기관의 창고에만 저장되는 경우가 많아 개인이 다른 플랫폼에서 인증서를 관리하고 공유하기 어렵다. 설상가상으로 인증서를 발행하는 기관에 대한 신뢰성도 갈수록 부족하다고 지적했다 <표 1>.

<표 1> 핵심 개념에 대한 정의: 블록체인 및 블록체인 네트워크

용어	개념 정의
블록체인 (Blockchains)	블록체인은 소프트웨어에서 변경할 수 없는 규칙을 처음으로 설정할 수 있는 새로운 유형의 가상 컴퓨터. 전통적인 컴퓨터와 달리 블록체인은 사용자에게 미래의 행동에 대해 강력한 약속을 할 수 있다. 즉, 실행하는 모든 코드가 설계대로 계속 작동할 것이라는 보장을 제공한다. 이로 인해 블록체인은 투명성과 신뢰성이 요구되는 다양한 분야에서 활용될 수 있으며 사용자는 기술이 약속한 바를 지킬 것이라는 확신을 가질 수 있다. 이러한 특성은 블록체인을 디지털 계약, 금융 거래, 데이터 보안 등의 분야에서 중요한 기술로 만들어 준다.
블록체인 네트워크 (Blockchain networks)	블록체인 네트워크는 블록체인 기술을 기반으로 구축된 네트워크로 인터넷의 '읽기, 쓰기, 소유하기' 시대의 특징을 지니고 있다. 이 네트워크들은 초기 인터넷 프로토콜 네트워크가 제공했던 사회적 이점들(개방된 접근성, 민주적인 거버넌스, 낮은 수수료율, 사용자 소유권)과 기업 네트워크의 경쟁적 이점(지속 가능한 자금 조달원, 고급 기능)을 결합한다.

블록체인 네트워크 (Blockchain networks)	이러한 조합은 블록체인 네트워크가 다양한 분야에서 혁신적인 솔루션을 제공할 수 있게 만들어 준다. 예를 들어 디지털자산의 소유와 이전을 안전하게 처리할 수 있고 사용자가 직접 네트워크의 운영에 참여하며 의사 결정에 영향을 미칠 수 있다. 이는 블록체인 네트워크가 제공하는 투명성과 효율성을 통해 전통적인 기업 구조에 도전장을 내민다는 점에서 큰 의미가 있다.

출처: a16zcrypto.com에서 저자가 한국어로 재구성.[27]

아래 <그림 1>은 비트코인 설계자 나카모토(Nakamoto, 2008)가 제안한 피어투피어(P2P) 네트워크 기반 전자 현금 시스템을 설명한다.[28] 2010년 5월 첫 번째 비트코인 거래가 이루어졌다. 미국 플로리다의 한 프로그래머는 1만 개의 비트코인으로 피자를 샀고 그 당시 가치는 약 25달러였다. 기존 중개인 의존 방식과 비교하여 개인 간 직접 거래를 가능하게 함으로써 금융기관 없이 온라인 결제를 처리할 수 있다는 점을 강조한다. 또한 디지털 서명을 통해 이중 지출 문제를 해결하고 암호화 기반 작업증명 체인(PoW, Proof of Work)을 사용하여 거래 기록의 위조 및 변조를 방지하는 시스템 구조를 보여준다.

---

27 https://a16zcrypto.com/posts/article/blockchain-internet-glossary-key-terms-read-write-own-book

28 Nakamoto, S. (2008). Bitcoin: A Peer-to-Peer Electronic Cash System. https://ssrn.com/abstract=3440802

<그림 1> 비트코인을 처음 제안한 모델

비트코인: 개인 대 개인 전자 화폐 시스템

Satoshi Nakamoto / satoshin@gmx.com / www.bitcoin.org

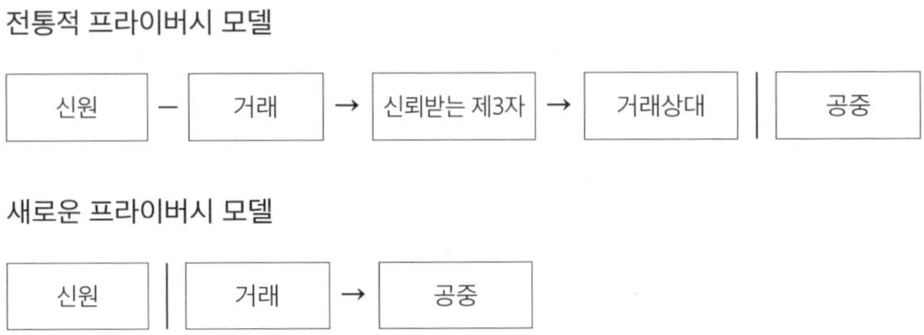

출처: Nakamoto (2008) 자료를 바탕으로 저자가 한국어로 재구성.

비트코인이 해결하고자 하는 이중 지출 문제는 <그림 2>와 같이 시각화할 수 있다. 이 문제를 도식화하면 식사 시 사용하는 포크(fork)와 유사한 모양을 띤다. 포크의 손잡이는 초기 거래 지점을 나타내고 갈래는 동일한 비트코인을 두 번 지출하려는 상충하는 시도를 상징한다. 이러한 상황에서 각 거래의 흐름을 기록하는 블록 노드들은 51% 이상의 동의를 통해 이중 거래를 차단한다.

한편 블록체인 기반 웹3 환경에서 규칙 변경 시도는 주로 소프트포크와 하드포크로 나뉜다. 소프트포크는 이전 버전과의 호환성을 유지하는 반면 하드포크는 새로운 규칙에 따라 생성된 블록이 이전 버전의 소프트웨어를 사용하는 노드(node)에서는 인식되지 않는다. 소프트포크는 모든 노드가 즉시 업데이트할 필요가 없으나[29] 하

29 다수의 노드만 업데이트되어도 네트워크는 계속해서 잘 작동할 수 있음.

<그림 2> 이중 지출 문제를 포크 모양으로 표현한 이미지

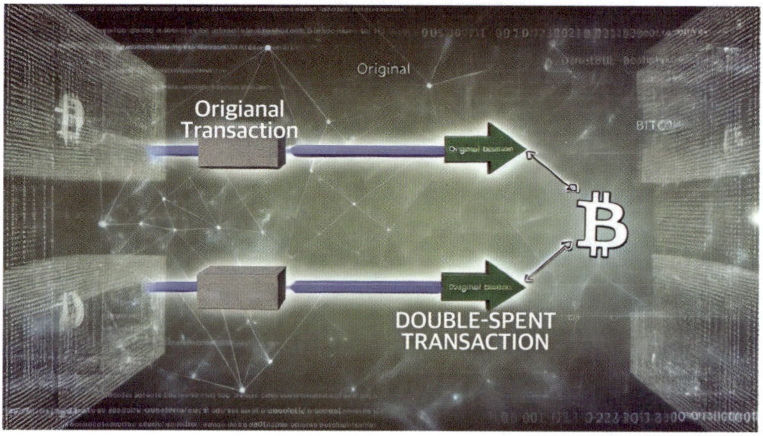

출처: ChatGPT를 이용해 저자가 생성.

드포크는 모든 노드가 새로운 소프트웨어 버전으로 업데이트해야 한다. 소프트포크는 주로 기존 규칙을 강화하거나 새로운 기능을 추가하는 데 사용되며 하드포크는 블록체인이 완전히 분리될 수 있어 새로운 서비스와 토큰이 생성될 가능성을 내포한다.[30]

한편 분산형 운영 체제에 기반한 비트코인을 반갑게 맞이하는 국가는 거의 없었다. 그러나 2024년 미국의 금융기관이 비트코인 및 이더리움 ETF 상품을 승인함으로써, 블록체인을 통해 작동하는 비트코인과 같은 가상자산이 시장에서 본격적으로 확산하는 계기가 마련되었다. 이는 '서티파이'에서 '베리파이'(verify)로의 패러다임 전환이 시작되었음을 보여 주는 것이다. 영어 베리파이는 어떤 사실이

---

30 체인을 완전히 교체하지 않더라도 블록 크기를 대규모로 늘리거나 새로운 거래 유형을 도입하는 것도 하드포크로 분류할 수 있음.

나 행위 등이 개인의 신분이나 거래의 약속 등을 확인하는 것을 의미한다. 서티파이는 증명을 해 주는 주체가 있는 반면 베리파이는 스스로 행동에 따라 입증하는 것이므로 중앙 집중적 기관의 확인을 반드시 요구하지 않는다.

인간처럼 자연스럽게 생각하고 행동하는 인공지능(AI) 기술의 발전으로 인해 베리파이 시스템의 중요성이 과거보다 더욱 커졌다. AI 서비스가 안전하고 검증할 수 있는 디지털 시스템을 구현하는지를 관찰하고 점검하는 것이 필요하기 때문이다. 전문가 집단조차도 AI 내부 빅데이터의 수집, 처리, 분석 등을 눈으로 확인할 수 없는 문제점을 지적해 왔다. 이른바 '설명할 수 있는' 빅데이터 시스템과 AI 서비스가 부족한 경우가 많다. 이용자는 자신이 사용하는 플랫폼에서 자신의 데이터를 관리하고 공유하기가 어렵다. 이러한 문제를 해결하기 위해 베리파이 네트워크와 같은 파괴적인 블록체인 솔루션이 비트코인 ETF와 같은 금융 분야뿐만 아니라 여러 사회적 제도와 다양한 산업으로 확산할 필요가 있다.

베리파이 패러다임으로의 전환은 사람들이 자신과 관련된 데이터를 어떻게 응용하고 활용할지에 대해 더 큰 권리를 가지게 됨을 의미한다. 이는 웹3 기술의 사회적 영향력과 응용 범위를 자연스럽게 넓히며 웹3가 현재 서티파이 패러다임에 머물러 있는 개인과 조직을 더욱 적극적으로 참여와 사회적 대화로 이끌 것으로 예상된다. 또한 빅데이터와 AI의 투명성 및 공정성 향상을 위해 필수적인 실시간, 다양하고 균형 잡힌 데이터 확보는 빅데이터, AI, 웹3 기술이 민주주의에 기여하는 방식에 대한 우리의 인식을 심화시킬 것이다.

레이어 계층별 구조와 사례 및 지향점

웹3를 이루는 레이어 구조의 개념 설명과 실제 사례를 들어서 그 지향점을 탐구해 보자. 웹3는 여러 개념적 정의가 있지만 간단히 말하면 암호화 방법을 기반으로 기술과 응용 프로그램으로 구성된 탈중앙화 인터넷이다. 이런 맥락에서 '암호화'라는 의미인 영어 단어 크립토(crypto)는 웹3 분야를 지칭하는 접두사로 쓰인다. 예를 들면 비트코인은 해쉬(hash)라는, 즉 비밀리에 숨겨진 암호와 유사한 수학적 문제를 푸는 것을 통해 보상을 얻는 시스템이다.

웹3 재단은 웹3를 '서버 없는 인터넷, 분산된 웹의 비전으로서 사용자가 자신의 데이터, 정체성, 운명을 통제하는 인터넷'으로 정의한다.[31] 구체적으로 웹3는 분산화를 보호하기 위해 현대적인 암호화 방법을 사용하여 5단계의 기술과 응용 프로그램으로 구성된다. 웹3 생태계의 안정성을 위해서는 개별 단계의 관리와 소프트웨어 프로토콜의 안정적 운영이 중요하다.

<표 2>에서 제시된 기술 스택을 살펴보면 웹3 기술은 레이어(layer) 0부터 4까지 계층적으로 구성되어 있다. 레이어 기술의 진행 상황을 보면 레이어1, 레이어0, 레이어2, 레이어3, 레이어4 순서에 가깝다. 레이어1에 속하는 웹3 기술은 자체 블록체인 플랫폼을 갖추고 있어 디지털자산 거래의 시작부터 처리, 완결까지 독립적인 네트워크가 있다. 레이어0의 목적은 레이어1이 원활하게 실행될 수 있도록 네트워크와 하드웨어 등을 호환하여 연결하는 것이다. 레이어2는 레이어1의 속도와 확장성을 개선하는 것을 목표로 한다. 예를 들어

---

31 https://web3-technology-stack.readthedocs.io/en/latest/#about

레이어2는 레이어1의 네트워크 수수료를 낮추고 초당 처리량을 높이기 위해 합의 알고리즘을 수정한다. 레이어3과 레이어4는 실체가 다소 불분명하지만 다양한 응용 소프트웨어가 작동하는 계층이다.

<표 2> 웹3을 구성하는 5단계 레이어 구조

<table>
<tr><th colspan="5">웹3 기술 스택</th></tr>
<tr><td>L4</td><td colspan="4">(9) 프로토콜 확장형 사용자 인터페이스 크래들("브라우저")</td></tr>
<tr><td>L3</td><td colspan="4">(8) 프로토콜 확장 가능한 개발자 API 및 언어</td></tr>
<tr><td rowspan="3">L2</td><td colspan="4">(7) 두 번째 계층 프로토콜</td></tr>
<tr><td>(7.1)
상태 채널</td><td>(7.2)
플라즈마
프로토콜</td><td>(7.3)
암호화된
저장공간</td><td>(7.4)
저장공간
인센티브</td></tr>
<tr><td>(7.5)
과중한 연산</td><td>(7.6)
분산형
기밀 관리</td><td>(7.7)
오라클</td><td>(7.x)
...</td></tr>
<tr><td rowspan="2">L1</td><td colspan="3">(5) 제로 트러스트 상호작용 프로토콜</td><td rowspan="2">(6) 일시적인
데이터 메시징</td></tr>
<tr><td></td><td>(3) 데이터 배포
프로토콜</td><td>(4) 제로 트러스트
상호작용 플랫폼</td></tr>
<tr><td>L0</td><td colspan="2">(1) P2P 인터넷 오버레이 프로토콜</td><td colspan="2">(2) 플랫폼 중립적 연산 설명 언어</td></tr>
</table>

출처: 웹3 재단[32] 자료를 바탕으로 저자가 한국어로 재구성.

레이어1은 데이터 배포 프로토콜과 제로 트러스트[33] 상호작용 플랫폼으로 구성된다. 데이터 배포 프로토콜에는 상호 플래너리 파일 시스템(IPFS), 블루젤(Bluzelle), 플루언스(Fluence), 스웜(Swarm) 등

32 https://web3-technology-stack.readthedocs.io/en/latest

이 포함돼 있다. 최근 디지털 환경이 물리적 경계를 넘어서면서 신원 인증을 통과하면 누구나 계정을 사용할 수 있게 되었다. 이로 인해 보안 사고의 빈도가 증가하고 있다. 제로 트러스트는 '아무도 신뢰하지 않고 항상 검증하라'(never trust, always verify)는 원칙을 내세운 기술이다.[34]

레이어1에 속하는 웹3 기술은 자체 블록체인 플랫폼을 갖추고 있으며 디지털자산 거래의 시작부터 처리, 완결까지 독립적인 네트워크가 있다. 대표적인 예로 비트코인(BTC), 이더리움(ETH), 솔라나(SOLANA), 리플(XRP), 카르다노(CARDANO), 바이낸스(BSC), 트론(TRX), 폴카닷(Polkadot)[35], 니어프로토콜(NEAR), 플로우(FLOW) 등이 있다.[36] 레이어1은 작업증명(PoW)이나 위임증명(PoS) 방식으로 다수 혹은 권위자 검증으로 합의를 얻은 방식이며 블록 생성 시간이나 분쟁 해결 등의 기술적 세부 사항에 따라 개별 웹3 플랫폼 및 디지털자

---

33 제로 트러스트가 중요한 이유는 사이버 공격 경로가 다양해지고 사회 공학을 통한 관리자 권한 계정의 탈취와 사용자 부주의로 인한 클라우드 접근 문제가 크게 부각되고 있기 때문임. 이에 대한 대비책으로 전 세계적으로 제로 트러스트 보안 모델의 도입이 절실히 요구되고 있음. 미국에서는 바이든 정부가 행정명령 EO 14028을 발동하여 제로 트러스트 보안 모델을 적극 도입하고 있으며 한국의 과학기술정보통신부도 제로 트러스트 가이드라인을 발표해 이에 대응하고 있음. http://www.itdaily.kr/news/articleView.html?idxno=222699

34 웹3 분야 전문가들은 제로 트러스트의 중요성을 강조하면서 비탈릭 부테린의 예를 들었는데 그는 보안상의 우려로 개인 가상자산의 대부분을 다중 서명 서비스에 보관하고 있으며 이 방식에서는 거래를 위해 여러 키가 필요하지만 사용자가 모든 키를 갖고 있지는 않음. 일반적으로 사용자는 일부 키를 보유하고 있지만 자금을 독립적으로 회수할 수는 없으며 나머지 키는 신뢰할 수 있는 다른 개인에게 맡김. 나아가 그는 보안을 분산하기 위해 다른 사람들이 누구인지 서로 밝히지 않을 것을 권장함. https://www.blockmedia.co.kr/?s=비탈릭+부테린이+가상자산를+안전하게+보관하는+방법

산의 발행이나 운영 방식에 차이가 난다. 분산성, 보안성, 확장성이라는 블록체인의 3대 난제를 한 번에 해결하기는 어렵다는 지적이 존재한다.

레이어0은 Peer-to-Peer(P2P) 인터넷 오버레이 프로토콜과 플랫폼 중립 연산 서술 언어로 구성된다. P2P 인터넷 오버레이 프로토콜에는 개발자를 위한 피어 투 피어(Devp2p), 라이브러리 피어 투피어(Libp2p) 등이 있다. 플랫폼 중립 연산 서술 언어에는 이더리움 가상 머신(EVM), 웹어셈블리(WASM), 언스펜트 트랜잭션 아웃풋(UTXO) 등이 있다. 레이어0의 목적은 레이어1이 원활하게 실행될 수 있도록 네트워크와 하드웨어 등을 호환하여 연결하는 것이며 서로 다른 레이어1들이 상호작용할 수 있도록 하는 플랫폼이다. 레이어1이 가진 프로토콜 차이에도 불구하고 디지털자산의 데이터가 경계를 넘어 유통될 수 있도록 하며 여러 블록체인에 걸친 웹3 정보에 대한 합의가 자동으로 이루어질 경우 개발자가 다른 체인에서도 특정한 디앱(Dapp)을 개발할 때 시간과 자원을 절약할 수 있다. 코스모스(COSMOS), 아발란체(AVALANCHE), 비트토렌트체인(BTTC), 체인링크(LINK) 등이 대표적이다.

레이어2는 레이어1의 속도, 규모, 확장성 등의 제한을 극복하기 위해 개발된 다양한 프로토콜을 포함한다. 이 프로토콜들은 주로 이더리움과 같은 레이어1 블록체인의 네트워크 수수료를 줄이고 처리

---

35 웹3 재단을 주도한 개빈 우드(Gavin Wood)는 폴카닷이 레이어1과 레이어2의 역할과 기능을 모두 할 수 있음을 강조함. 그는 이더리움 공동창업자 중 한 사람임.

36 https://medium.com/@nick.5montana/blockchain-layers-l0-l1-l2-l3-in-a-diagram-569162398db

량을 증가하기 위한 기술적 접근을 시도다. 핵심 기술 중 하나는 제로 지식 롤업(zk rollups)으로 트랜잭션의 유효성을 검증하면서도 개인정보를 보호할 수 있게 한다. 사이드 체인은 본체인과 별도로 운영되며 데이터 처리 속도를 향상하고 본체인의 부담을 줄이는 역할을 한다. 폴리곤(MATIC)[37], 아비트럼(ARBITRUM), 옵티미즘(OPTIMISM), 스타크넷(STARKNET) 등은 레이어2 솔루션의 대표적인 예로 각각 특정 문제를 해결하기 위해 설계되었다.

예를 들어 폴리곤은 높은 확장성과 낮은 트랜잭션 비용을 통해 다양한 디앱(DApp)의 사용 사례를 지원한다. 아비트럼과 옵티미즘은 오프체인에서 트랜잭션을 처리하고 결과만을 블록체인에 기록하여 네트워크의 부담을 줄이는 방식을 채택한다. 스타크넷은 제로 지식 증명을 활용해 트랜잭션의 개인정보보호와 함께 처리량을 대폭 향상한다. 이더리움 2.0과 게임형 대체불가토큰(NFT)를 통합하려는 이뮤터블엑스(ImmutableX)는 또 다른 혁신적인 사례다. 이뮤터블엑스는 사용자가 게임 내 아이템을 빠르고 저렴하게 거래할 수 있게 하면서 높은 처리량과 낮은 가스(gas) 비용을 제공한다. 이를 통해 게임 개발자와 사용자 모두에게 이점을 제공하며 블록체인 기술의 적용 범위를 확대한다.

레이어3은 프로토콜을 확장하는 개발자 API 및 프로그래밍 언어로 구성되어 Web3.js, ether.js, oo7.js, Solidity, Rust 등을 포함한다. 이는 개발자들이 블록체인 기술을 더 쉽게, 효율적으로 사용할 수 있도록 도와준다. 레이어3의 도구와 언어들은 블록체인의 기

37 최근 폴리곤은 자체토큰을 MATIC에서 POL로 전환하였다.

능을 활용하여 다양한 애플리케이션을 개발하는 데 필수적이며 이를 통해 블록체인의 잠재력을 실현할 수 있다. 레이어4는 프로토콜을 확장할 수 있는 사용자 인터페이스와 관련된 기술, 즉 크레이드(생성 도구) 단계를 의미한다. 여기에는 스테이터스(Status), 마이크립토(MyCrypto), 패리티(Parity) 등의 툴이 포함되어 사용자가 블록체인 기반의 서비스를 더 쉽고 직관적으로 이용할 수 있도록 만든다.

레이어1과 레이어2는 기술의 초기 단계를 넘어서 현재 안정화와 확장성 개선을 목표로 발전하고 있다. 레이어0 역시 더 빠르고 경제적인 인프라를 구축하기 위해 레이어1 및 레이어2와 거의 동시에 진화하고 있다. 레이어3는 블록체인 생태계 내에서 개발자 참여와 서비스의 이용성을 높이는 데 기여한다. 레이어4는 아직 구체적인 실체가 다소 모호하지만 다양한 응용 소프트웨어와 사용자 경험을 향상하는 데 중점을 두고 있다. 메타버스를 주도하는 디센트럴랜드(Decentraland)와 대중적인 지갑 앱인 메타마스크(Metamask)를 비롯해 크립토키티스(Cryptokitties), 메이커(MAKER), 유니스왑(UNISWAP) 등을 레이어3 혹은 레이어4 유형으로 분류할 수 있다.

각 레이어의 특성과 방향을 간략하게 정리해 보면 기존 서버 중심의 인터넷과 플랫폼 기업에 대한 사회적 신뢰가 상실되고 대중의 적대감이 커진 지난 몇 년 동안 웹3 기술은 크게 발전했다.

비트코인과 이더리움 같은 레이어1 기술이 선두를 달리는 가운데 레이어2에서도 창업과 경쟁이 활발하게 이루어지고 있다. 레이어0 기술은 레이어1의 발전을 뒷받침하며 신속하게 진화하고 있으며 이는 레이어1의 호환성 향상과 웹3 기술의 확장에 중요한 역할을 한다. 레이어2 솔루션은 레이어1의 핵심 이슈를 해결하고 웹3 기술을 더 많은 사람에게 소개하는 중요한 단계며 속도와 확장성 개선을 목표로 한다.

<그림 3>을 보면 이더리움 개발자 비탈릭 부테린의 계정에 스타크넷과 아비트럼과 같은 이더리움 레이어2에 상당한 양의 토큰이 포함되어 있는 것을 확인할 수 있다.

<그림 3> 이더리움 개발자 비탈릭 부테린의 계정 현황

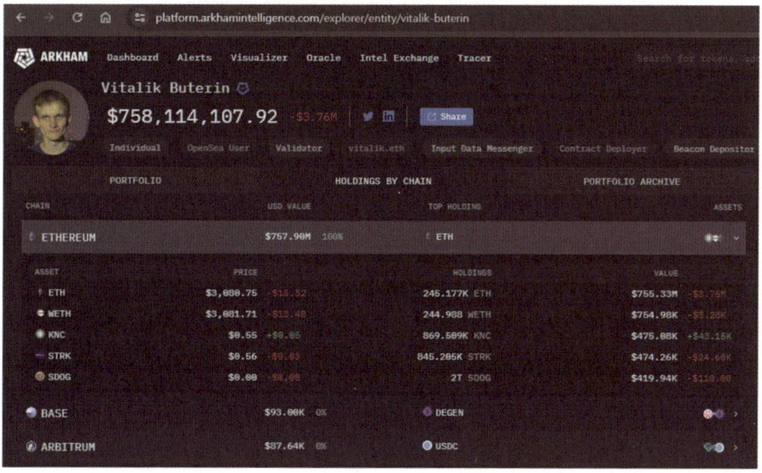

출처: 아캄 웹사이트[38](2024년 7월 12일 캡처)

레이어1의 전통적인 대표 기술인 이더리움의 강력한 경쟁자로 떠오른 또 다른 레이어1로 솔라나(Solana)가 있다. 솔라나는 PoW(비트코인) 또는 PoS(이더리움) 시스템에서 타임스탬프의 정확성을 검증

---

38 https://platform.arkhamintelligence.com/dashboards/view?dashboardID=47d779bb-3c6f-4dd3-8f8e-1f6602e2f631&editMode=false

하는 데 많은 시간과 처리 능력이 소요되는 문제를 해결하기 위해 혁신적인 Proof-of-History(PoH) 시간 메커니즘을 도입한 개선된 PoS 프로토콜 구조를 지원한다.[39] 솔라나는 중앙 시계 없이 검증할 수 있는 시간 경과를 제공하고 효율적인 합의를 이룬다. 리더 노드가 PoH 시퀀스를 생성하고 검증자 노드가 이를 검증하며 PoS 선거와 타워 합의를 통해 네트워크의 안정성을 유지한다. 그 결과 솔라나는 초당 5만 건 이상의 거래를 처리할 수 있는 초고속 블록체인을 구현했으며 레이어2 시스템이나 샤딩[40]에 의존하지 않고도 프로토콜 사용이 증가함에 따라 확장할 수 있는 능력을 갖추고 있다.

2024년 상반기 솔라나는 하이퍼링크를 통해 해당 블록체인 작업을 인터넷 이용자와 쉽게 공유할 수 있도록 하는 업데이트를 선보였다.[41] 이는 솔라나 네트워크와 연결된 레이어0와 레이어2 등의 편의성과 속도, 그리고 확장성에 긍정적인 영향을 미치고 있다. 이 기능을 통해 사용자들은 온체인상 다양한 행동, 예를 들어 거래 기록이나 스마트 계약 실행, NFT 소유권 등을 인터넷 전반에 걸쳐 공유할 수 있다. 덧붙여 사용자 인터페이스(UI) 개선으로 웹3 콘텐츠 및 서비스의 접근성과 확장성을 높일 수 있다.

---

39 https://www.gemini.com/cryptopedia/solana-blockchain

40 샤딩은 블록체인의 데이터를 여러 개의 작은 조각(샤드)으로 나누어 각각의 샤드가 독립적으로 거래를 처리하고 저장할 수 있게 하는 기술임. 이를 통해 전체 블록체인이 한꺼번에 모든 거래를 처리할 필요 없이 여러 샤드가 병렬로 작업을 분담함으로써 확장성과 처리 속도를 크게 향상할 수 있음.

41 https://themiilk.com/articles/a612a891e?u=3e083717&t=a1874126e&from=&utm_source=Viewsletter&utm_campaign=15a57e458b-miilkisletter169&utm_medium=email&utm_term=0_-15a57e458b-%5BLIST_EMAIL_ID%5D

레이어3은 NFT와 메타버스의 대중화를 이끌며 발전하고 있다. 레이어4는 사용자가 복잡한 블록체인 메커니즘을 이해하지 못해도 서비스를 쉽게 이용할 수 있게 하며 이는 웹3 대중화에 크게 기여한다. 현재 베타 버전에 가까운 레이어4 기술이 게임이나 분산 금융 등에서 킬러앱을 내놓아 새로운 사용 사례를 창출한다면 전체 생태계의 발전을 촉진할 수 있다. 이 계층은 사용자가 블록체인 기반 웹3 서비스를 마치 일상적인 웹 서비스처럼 쉽게 이용할 수 있게 하여 더 빠르고 경제적이며 확장할 수 있는 웹3 네트워크 구축을 위한 중요한 발걸음이 된다.

개발자 현황으로 살펴보는 글로벌 동향

앞 절에서는 설명한 레이어별 기술적 작동 원리와 특징에 이어 여기에서는 전 세계적인 개발자 동향에 대해 검토한다. 웹3 개발자들이 블록체인과 가상자산 기술에 어떻게 접근하고 있는지의 동향을 살펴보며 이 분야의 현재 상황과 발전 가능성을 분석한다.

일렉트릭 캐피털(Electric Capital)에서 2024년 1월에 발행한 '2023 크립토 개발자 보고서'는 웹3 기술 생태계를 이해하는 데 도움이 된다.[42] 웹3 기술의 가치를 전달하는 서비스, 즉 디앱(DeApp, Decentralized Application)을 만드는 사람들은 바로 개발자기 때문이다. 따라서 개발자 현황을 분석하면 어떤 웹3 기술이 가치 창출을 하고 있으며 앞으로 고객을 확보할 킬러 디앱이 무엇인지를 파악할

42 Electric Capital (2024). 2023 Crypto Developer Report. https://www.developerreport.com/developer-report

수 있다. 즉, 웹3 기술 생태계에서 더 많은 개발자를 확보하는 것은 새로운 고객을 유치하는 주요 지표가 될 수 있다. 이 보고서는 81만 8,000개의 오픈 소스 저장소에서 4억 8,500만 개의 코드를 수집하여 웹3 분야의 개발자 현황을 분석했다.

보고서의 핵심 내용과 중요한 결과 분석을 함께 살펴보자. 웹3 개발자 수는 전반적으로 24% 줄어들었지만 2년 이상 근무한 '가장 가치 있는 개발자' 집단은 꾸준히 성장하고 있다. 이들은 지난 5년간 연 비율 52%로 성장하며 사상 최고치를 기록했다. 1년 이상 근무한 개발자는 전 년 동기 대비 16% 증가하여 전체 월간 활성 개발자의 63%를 차지한다. 이는 신입 외에도, 개발자가 1,925명 늘어났음을 보여 준다. 웹3 코드의 75%는 1년 이상의 개발자가 생성하기 때문에 이 숫자는 매우 중요하다.

웹3 분야에 입문한 지 12개월 미만인 신규 개발자들은 디지털 자산 가격 변동에 영향을 받는 경향이 있다. 2022년에는 디지털자산 가격 상승과 함께 신규 개발자 9만 330명이 유입됐다. 2022년 월평균 신규 개발자 6,527명이 합류했던 이유는 당시 디지털자산 네트워크 가치가 역사적인 최고치를 기록했던 시기였기 때문이다. 하지만 2023년에는 2022년 동기 대비 신규 개발자 수가 52% 감소했다. 이는 2022년 상승장에 웹3 분야에 신규로 업무를 시작했으나 시장 상황 악화로 이탈한 개발자 수가 많기 때문이다.

그럼에도 불구하고 2022년 약세장에도 웹3 분야에 새롭게 합류하는 신규 개발자들이 존재했다. 2022년 이후 네트워크 가치가 낮았음에도 불구하고 거의 매달 개발자 3,000명 이상이 새로 진입했다. 이는 지난 약세장 대비 월 1.95배 더 많은 신규 개발자들이 합류한 것을 의미한다. 2018년 약세장 당시 월평균 신규 개발자 2,045명이 가입했던 것에 비해 2022년 약세장에는 월 신규 개발자 3,990명이 가입했다. 흥미로운 사실은 2023년 신규 개발자 1만 6,700명이 이더리움에서 코드를 작성했다는 점이다. 이는 2번째로 큰 웹3 생태계인 폴리곤의 2.7배에 달하는 수치다. 하지만 이더리움을 제외한 인기 있는 17개의 생태계를 합쳐도 2023년부터 신규 개발자 1,000명 이상이 유입되었다.

웹3의 혹한기를 거치고 있음에도 불구하고 개발자 커뮤니티의 성장은 웹3 기술이 어떻게 개인과 기관의 새로운 디지털자산을 강화하고 블록체인 사용에 대한 사회적 책임을 높일 수 있는지에 대한 논의를 촉진한다. 웹3 기술을 통해 인터넷의 탈중앙성을 촉진함으로써, 블록체인상에서 개인은 자신의 정보를 통제하고 이를 기반으로 더 건강한 디지털 생태계 구축에 나설 수 있다. 이 과정에서 블록체인을 통한 데이터의 안전한 접근성 확보는 웹3 서비스 발전의 핵심이 되며 이를 통해 공정하고 투명한 기술 응용이 가능해진다. 이러한 변화는 민주주의적 가치를 강화하고 기술이 사회에 미치는 긍정적 영향을 최대화하는 데 기여할 것이다.

시대별 구조 및 주제 분석을 통한 연구 동향의 특성화

블록체인은 최근 몇 년간 많은 분야에서 인기 있는 연구 주제가 되었다. 이 분야에서 진행된 지식 구조의 발전을 조사하기 위해 웹 오브 사이언스(WoS, Web of Science), 스코퍼스(Scopus) 등 데이터베이스를 분석한 결과를 살펴보자. 2008년부터 2017년까지 웹3 기술, 즉 블록체인 연구 트렌드의 특징을 살펴보면 2008년부터 2013년 사이 초기 출판물은 주로 비트코인과 가상자산에 초점을 맞췄다.[43] 이후 2014년부터 2015년 사이 비트코인 관련 연구의 수가 급격히 증가했으며 2016년부터는 스마트 계약 기술에 대한 연구가 늘어나기 시작했다.

한편 2010년부터 2020년까지 WoS 데이터베이스에 등록된 연구를 대상으로 과학계량 네트워크 분석을 수행한 연구가 있다.[44] 특히 한국과 중국의 블록체인 연구 네트워크를 비교해 본 결과 중국의 네트워크가 한국보다 더 복잡하고 다양한 형태를 보이는 것으로 나타났다. 그렇지만 두 국가에서 가장 흔한 연결 고리는 미국이었다. 미국과 중국은 229번 협력하여 2,957번의 인용을 기여했다. 미국과 한국은 32번 협력하여 398번의 인용을 기여했다. 미국의 매개 역할은 중국보다 한국에서 더 높았다.

시기별 발전을 보면 2017년 이전까지 두 국가의 구조는 비교적 단순하였지만 2018년에는 중국에서 체인(chain) 모양의 위계형, 중개형의 와이(Y), 중앙 집중형 별(star) 모양 구조가 나타나기 시작했으나 한국에서 지식 구조가 발전한 양상은 뚜렷하지 않았다. 2019년에는 중국의 지식 구조가 크게 발전하여 여러 복잡한 Y 형태의 구조와 스타 구조를 생성했다. 다양한 지적 공동체 간 여러 연결도 있었다. 이

---

43 Miau, S., & Yang, J. M. (2018). Bibliometrics-based evaluation of the Blockchain research trend: 2008-March 2017, Technology Analysis & Strategic Management, 30(9), pp. 1029-1045.

44 Zhu, Y.-P., Park, H.W. (2022). Use of Triangulation in Comparing the Blockchain Knowledge Structure between China and South Korea: Scientometric Network, Topic Modeling, and Prediction Technique. Sustainability, 14(4), p. 2326.

시기에 한국의 지식 구조도 스타 유형의 구조를 생성했다. 2020년에는 중국의 지식 구조가 매우 복잡해지며 각 구조 간에 다양한 형태와 복잡한 연결이 포함된다. 한국의 지식 구조도 더욱 발전하여 다양한 연구 그룹 간 일부 연결이 형성되었지만 대부분은 여전히 작은 편이다. 이러한 차이는 중국 정부가 블록체인 기술의 발전을 위해 다양한 협력을 적극적으로 장려하는 중앙 집중식 정책을 시행했기 때문이었다.

웹3 분야에서 기술 발전과 지식 구조를 살펴볼 때, 블록체인 기술의 사회적 및 상업적 측면 연구는 다소 부족했다. 블록체인 컴퓨팅, 채굴, 공격 등 다양한 기술적 문제를 주로 다루었다. 그리고 개인정보보호와 보안 문제를 다루면서 추적성, 서명, 인증 등과 같은 주제를 포함했다. 또한 데이터 공유, P2P, 클라우드와 같은 관리적 연구가 많다.

그럼에도 불구하고 블록체인 기술은 최근 몇 년 동안 여러 분야에서 중요한 주제로 자리 잡았다. 연구 출판물들이 특정 주제에만 국한되지 않고 서로 다른 주제와 키워드 사이의 상호 연결로 중복해서 발생하는 경향이 있었다. 이러한 경향은 블록체인 기술에 대한 팀워크와 협력이 고품질의 지식을 생성하는 데 중요한 역할이라는 점을 보여 준다. 이는 또한 블록체인 기술의 연구 및 개발에서 더 넓은 적용 가능성과 사회적, 상업적 가치를 탐구해야 할 필요성을 시사한다.

웹3 분야의 연구 주제를 인터넷의 학문 생태계 관점에서 접근한 진행 상황을 종합적으로 검토하면 아래 <표 3>과 같다.[45] 이 표는 이러한 연구 경향을 정리하고 웹3 및 블록체인 기술의 발전 방향과 그 적용 범위가 시간이 지남에 따라 어떻게 변화하고 있는지를 보여 준

<표 3> 웹3 분야 연구 주제 생태계

Decentralization 탈중앙화		User-centricity 사용자 중심성	
Structure: Peer Networks, Decentralized Autonomous Organizations(DAOs) 구조: 동료 네트워크, 탈중앙화 자율 조직	→	Use cases 사용사례	Decentralized Application(Dapp) 탈중앙화 애플리케이션
Technology: Blockchain, Smart Contracts 기술: 블록체인, 스마트계약			Metaverse, NFTs, Play-To-Earn 메타버스, NFTs, 보상형 게임

출처: Guan 등 (2023) 자료를 바탕으로 저자가 부분적 재구성.

다. 구체적으로 말하면 특히 최근 10년 동안 기존 연구는 '탈중앙화'와 '이용자 중심성'으로 크게 나눌 수 있다.

그리고 탈중앙화 문헌에서 가장 자주 연구되는 주제는 '구조'와 '기술'로 나눌 수 있다. 또한 이용자 중심성에 대한 문헌은 '사용 사례'(use case)에 초점을 맞추고 있었다. 이는 이 분야의 연구자들이 주로 블록체인 기술의 대중적 사용을 가능하게 하는 플랫폼 운영 방법을 탐구하는 데 중점을 뒀음을 의미한다. 특히 이들은 신용 카드 시스템보다 우수한 성능을 제공할 수 있는 '막힌 정원'(walled garden)[46] 알고리즘 개발에 관심을 기울였다고 한다.

2017년 발표한 웹3 재단의 5단계는 웹3 인프라 구축에 대한 중

45 Guan, C., Ding, D., Guo, J. and Teng, Y. (2023), "An ecosystem approach to Web3.0: a systematic review and research agenda", Journal of Electronic Business & Digital Economics, 2(1), pp. 139-156. https://doi.org/10.1108/JEBDE-10-2022-0039

요한 지침으로 자리 잡았다. 웹3는 비교적 새로운 개념으로 등장했지만 연구자들의 관심을 빠르게 끌어들이면서 과학기술계에 큰 기회를 제공했다. 그렇지만 웹3 인프라 전체를 살펴보면 레이어1과 레이어2 체인에서 탈중앙화 구조, 기술 프로토콜, 이용자 중심적 소프트웨어 등은 아직 초기 단계에 머물러 있다. 대표적인 레이어1 체인인 이더리움의 경우 스마트 계약 실행 속도가 느리고 수수료가 높은 문제가 있다. 또한 기술적 제약과 경쟁으로 인해 대부분의 레이어1 체인은 서로 직접적으로 서로 운용할 수 없다. 이로 인해 사용자, 자산, 데이터, 디앱 등이 생태계 내에서 차단되어 사일로(silo) 효과[47]가 발생하고 있다.

그럼에도 불구하고 또 다른 흥미로운 현상은 신규 웹3 개발자들이 점차 단일 체인에서 멀티 체인을 대상으로 작업하고 있다는 점이다. 멀티 체인 개발자는 이더리움과 폴리곤처럼 여러 체인에서 작업하는 개발자를 의미하며 유니스왑처럼 여러 레이어1과 레이어2 체인을 지원하는 체인에서 작업하는 개발자도 포함한다. 2023년 전체 개발자의 34%가 여러 체인을 위해 작업했으며 이는 2015년 3%에서 무려 10배 증가한 수치다. 8.2%는 5개 이상의 체인을 지원하는 개발 업무를 수행했고 3개 이상의 체인을 지원하는 개발자는 2023

46 특정 플랫폼이나 서비스 제공자가 사용자의 경험을 제어하고 외부 콘텐츠나 애플리케이션 접근을 제한하는 전략을 말함. 이런 방식은 사용자들이 제공자가 선정한 콘텐츠나 서비스에만 접근할 수 있게 함으로써, 플랫폼 내 정보 흐름과 사용자 상호작용을 통제. '막힌 정원' 전략은 플랫폼의 보안과 사용자 경험을 개선할 수 있는 장점이 있지만 정보의 다양성과 접근성을 제한할 수 있는 단점도 있음.

47 특정 웹3 플랫폼 내부에서 데이터, 정보, 자원 등이 고립되어 다른 플랫폼과의 효율적인 커뮤니케이션과 협업이 방해받는 현상을 말함.

년 전체 개발자의 17%로 성장하여 사상 최고치를 기록했다. 즉 개발자 6명 중 1명은 3개 이상의 체인에 영향을 미치는 코드를 작성하고 있다 <그림 4>.

<그림 4> 2015년 3%에서 무려 10배 증가한 멀티체인 개발자 규모

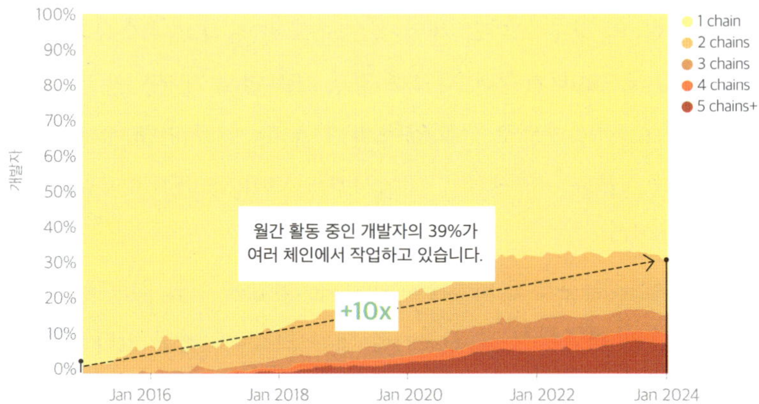

출처: Electric Capital (2024) 저자가 부분적으로 재구성.

멀티체인 개발자의 성장은 웹3 기술 생태계 전반에 걸쳐 변화가 일어나고 있다는 증거다. 개발자들이 진정한 가치를 제공한다고 믿는 웹3 프로젝트에 직접 참여하고 있기 때문이다. 2018년에는 대부분의 멀티체인 개발자가 비트코인-라이트닝 네트워크[48], 이더리움-폴카닷 등에서 작업했다. 아래 <그림 5>는 각 동심원이 개별 웹3 생태계를 나타내며 크기가 클수록 더 많은 개발자가 그 생태계에서 일

48 비트코인의 확장성 문제를 해결하기 위해 설계된 레이어2 결제 프로토콜로 사용자 간에 즉시 거의 수수료 없이 소액 결제를 가능하게 함.

한다는 것을 의미한다. 동심원을 연결하는 선은 두 생태계 모두에서 일하는 개발자를 나타내며 두꺼운 선은 더 많은 공유 개발자, 즉 멀티체인 개발 규모를 나타낸다. 모네로(Monero), 스텔라(Stellar), 아이오타(IOTA) 등과 같은 프로젝트는 다른 프로젝트와 공유하는 개발자가 없는 '섬'으로 그려져 있다.

<그림 5> 2018년의 멀티체인 개발자에 대한 연결망 분석

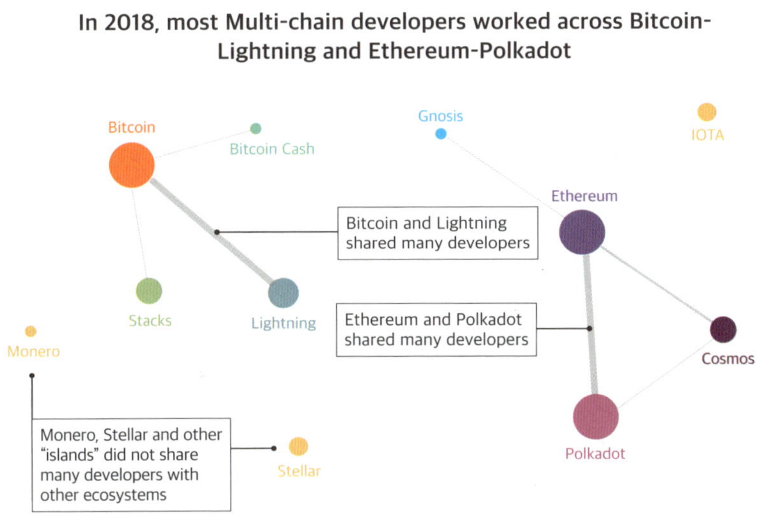

출처: Electric Capital (2024)

2023년 한 해 어떤 웹3 생태계가 다른 체인과 개발자를 공유했는지 살펴보자. 이더리움은 20개 이상의 다른 체인과 6명 이상의 개발자를 공유하며 가장 활발한 공유 활동을 보였다. 이더리움은 폴리곤(Polygon), 바이낸스(Binance Coin, BNB), 아비트럼(Arbitrum), 옵티미즘(Optimism), 스타크넷(StarkNet) 등과 가장 많은 개발자를 공유했다.

EVM(Ethereum Virtual Machine)[49] 호환 체인은 다른 EVM 체인과 개발자를 공유하는 경향이 강했다. 아래 <그림 6>은 6개 이상의 상시 개발자를 공유하는 웹3 생태계만 표시된다. 동심원 사이를 연결하는 선이 없는 생태계는 6개 미만의 상시 개발자를 공유하지 않았기 때문에 표시되지 않았다.

<그림 6> 2023년 웹3 생태계 간 개발자 공유 현황

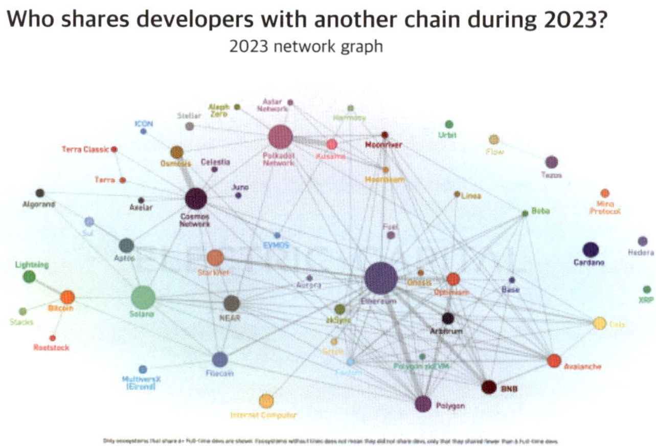

출처: Electric Capital (2024)

비트코인과 같은 채굴형(PoW) 퍼블릭 체인은 웹3의 기술적 토대를 마련했지만 서버 중심의 인터넷 세계의 독점에 대한 근본적인 해결책을 제시하는 데는 시간이 걸릴 것이다. 다양한 레이어1과 레이어2 체인을 연결하는 교차 체인 기술은 웹3의 중요한 역할을 담당

---

49 이더리움 기반 스마트 계약을 실행하기 위한 가상 컴퓨터 환경임.

하고 있지만 보안 사고가 발생할 위험성도 있다. 하지만 이러한 이슈가 웹3가 인터넷의 미래가 아님을 의미하지는 않는다.

스마트 계약 시대에 접어들면서 각 계층별 체인이 수행하는 역할을 투명하게 확인할 수 있게 되었고 이를 통해 웹3 애플리케이션의 접근성과 확장성을 높이고 네트워크 수수료를 낮추기 위한 블록체인 생태계의 성장이 이루어지고 있다. 지속적인 연구와 투자가 이어지고 새로운 인터넷 가치와 정신에 대한 파급 효과가 커지면서 웹3의 완전한 개발이 오래 걸리지 않을 수도 있다.

요약하면 웹3 연구개발(R&D) 주제는 크게 두 가지로 나눌 수 있다. 첫째, 기술적 인프라로서 탈중앙화 구조와 둘째, 사용자 중심적 소프트웨어 설계 및 사례 발굴이다. 이는 웹3의 기술적 제약과 한계를 극복하는 동시에 사용자 편의를 우선하는 서비스 경쟁이 주요 관심사임을 의미한다. 웹3 초기 단계에서는 서로 직접적으로 상호 운용할 수 없어 사용자, 자산, 데이터, 디앱이 특정 생태계 내에서 격리되는 문제가 있었으나 멀티체인 개발의 증가로 이 문제가 점차 해결되고 있다.

멀티체인 개발을 통한 웹3 기술의 진화는 단순한 기술 트렌드를 넘어서 개인과 사회 전체에 근본적인 영향을 끼친다. 개발자들의 증가하는 관심과 참여는 기술 발전의 방향을 사용자 중심으로 이동시키며 이는 사용자 권리와 사회적 책임에 대한 인식을 높이는 결과로 이어진다. 따라서 웹3 기술과 관련된 모든 이해관계자는 기술의 사회적 가치 연결 가능성을 고민하고 실현 방안을 모색해야 한다. 이 과정은 기술 발전이 단순히 새로운 도구를 제공하는 것을 넘어 더 민주적이고 투명한 사회 구축에 기여할 수 있는 중요한 수단임을 시사한다.

웹3의 등장과 진화

웹1에서 웹2를 거쳐 웹3 시대로

월드와이드웹 등장하지 않았다면 인터넷은 일반 사용자가 접근하기 어려운 기술로 남아 있었을 것이다. 웹은 홈페이지 형태로 대중에게 다가가 인터넷의 대중화를 이끌었다. 초기 홈페이지 기반 웹, 즉 웹1은 주로 '읽기' 중심 시대였다.[50] 웹사이트 운영자가 정보를 게시하고 방문자는 이를 읽고 뉴스를 얻었다. 웹1에서 웹2로 전환된 것은 사용자가 단순히 정보를 소비하는 데서 벗어나 자신의 이야기를 직접 기록하고 공유할 수 있는 환경으로 변화하는 것을 의미했다. 이는 '읽기'에서 '쓰기'로 전환하면서 상호작용과 참여의 시대를 열었다.

예를 들어 페이스북(2004년), 유튜브(2005년), 트위터(2006년) 등 소셜미디어 플랫폼이 등장한 점이 이를 증명한다. 웹1에서는 운영자가 콘텐츠를 제작해 유통하며 관리와 소유권을 독점했다. 반면 웹2에서는 운영자가 아닌 서비스 사용자들이 콘텐츠를 자율적으로 만들어 공유했다. 카스텔스(Castells)는 2009년 발간한 『의사소통 권력(Communication Power)』을 통해 이러한 소통의 동료-동료(peer to peer) 네트워킹 측면을 설명하며 웹2가 수평적 맥락에서 개인 주도의 콘텐츠 민주주의화를 통해 제도적 권력에 도전할 수 있는 시민적 소통을 가능하게 할 것으로 전망했다.[51]

하지만 10년이 지난 후 이러한 낙관적 전망은 퇴색했다. 웹2에

50 Goel, A.K., Bakshi, R., Agrawal, K.K. (2022). Web 3.0 and Decentralized Applications. Mater. Proc. 2022. 10. 8. https://doi.org/10.3390/materproc2022010008

서 생성된 콘텐츠는 사용자가 아닌 서비스 제공 기업에 귀속되었다. 구글, 페이스북, 트위터, 인스타그램, 틱톡, 유튜브 등은 개인이 생성한 콘텐츠와 아이템을 활용해 광고 유치를 통해 막대한 수익을 창출했다. 잘 알다시피, 웹2 서비스의 맞춤화된 광고는 사용자의 개인정보와 활동 내역을 바탕으로 사생활을 감시한 결과다. 하지만 콘텐츠를 생성한 개별 사용자에게는 보상이 없었다. 그렇다고 사용자가 자신의 데이터와 콘텐츠를 저장하고 공유하기 위해 서버를 구매해 관리하는 것을 요구하는 것은 현실적으로 불가능하다.

웹3가 등장하자 읽고 쓰는 것을 넘어 소유의 개념이 인터넷에 도입됐다. 웹1은 정보를 저장한 문서의 네트워크였고 웹2는 정보를 생산한 사람들의 네트워크였다. 기술적 관점에서 웹3는 블록체인과 가상자산 기술을 활용해 사용자가 자신의 데이터와 자산을 직접 통제할 수 있는 환경을 제공한다. 이는 서버와 데이터베이스가 한 곳에 집중되지 않고 분산되어 있어 해킹같이 보안 위협으로부터 보호받을 수 있는 구조다. 이런 이유로 웹3는 정보보호 분야에서 빈번히 언급된다.

예컨대 웹3 서비스인 브레이브 브라우저(Brave browser)는 보안과 개인정보보호를 중심으로 설계되었으며 베이직어텐션토큰(BAT, Basic Attention Token)을 통해 새로운 광고 수익 모델을 제공한다. 이 모델은 사용자의 동의를 받아 광고를 보여 주고 그 대가로 BAT를 지급하여 광고주나 브라우저 운영사가 사용자를 지속적으로 추적

---

51 Castells, M. (2009). Communication power. Oxford: Oxford University Press.

할 필요 없이 효율적인 광고 경험을 가능하게 한다. 사용자는 획득한 BAT를 사용하여 온라인상 콘텐츠 제작자에게 팁을 줄 수 있어 이는 디지털 콘텐츠 생태계 내에서 창의적인 활동을 직접적으로 지원하는 방법이 된다.

보상형 웹3 SNS의 대표 플랫폼인 스팀잇에 올라온 게시물 중 40% 이상이 사용자 생성 콘텐츠에서 프라이버시 노출을 감수하며 자아 표현을 하는 것이 일반적인 관행으로 나타났다.[52] 흥미롭게도, 셀피나 브이로그와 같은 시각적 정보가 포함된 게시물에서는 자아 표현을 위한 텍스트를 전혀 사용하지 않는 '정보 균형' 전략이 사용되고 있었다. 셀피나 브이로그와 같은 자화상이 본질적으로 자아를 드러내는 특성을 가지기 때문에 사용자는 과도한 자기 노출을 피하려는 경향이 있는 것으로 보인다. 일부 브이로거들은 시각적 정체성을 노출하지 않기 위해 목소리만 사용하거나 코스튬을 착용하는 등의 방법을 사용하는 것도 관찰되었다.

즉, 사용자는 보상을 기대하면서도 개인적인 세부사항을 신중하게 공유하는 경향을 보였다. 이 연구는 웹3 초기 사용자들이 개인의 삶을 구성하는 거의 모든 데이터 단위를 통해 단순한 개인 식별 정보뿐만 아니라 온라인 활동을 기반으로 한 다양한 데이터 부산물까지 포함하여 새로운 생산 방식인 프라이버시와 정체성 공유를 통해 이익을 얻으려 한다고 논의했다. 이 연구는 개인 데이터가 자발적이고 의도적인 자아 투자를 통해 공유되는 혁신적인 웹3 플랫폼의 가

---

52 Park, S. (2023). Hinting at the Third Path to the Future of Data Rights: An Empirical Study of the Steemit Blockchain. Social Media + Society, 9. pp. 1-15.

능성도 시사한다.

웹3는 디지털 지갑을 통해 데이터 교환과 정보 유통을 인증하고 실행하는 구조로 스마트 계약을 통해 이 과정이 자동화될 가능성이 크다. 웹2와 달리, 사용자는 서비스 운영 권한을 회사에 위임할지 자율적으로 결정할 수 있다. 결론적으로 웹은 정보 중심의 웹1, 상호작용과 플랫폼 중심의 웹2를 거쳐 현재는 디지털 소유권과 토큰 경제를 중심으로 하는 웹3로 진화하고 있다.

웹3를 통한 민주적 인터넷 생태계의 조성

세계 평화, 정의, 평등을 민주적으로 실현하려는 개인이나 조직이 온라인 공간에서 계속 활동하고 싶다면 웹을 다시 탈중앙화할 필요성이 절실하다는 점에서 글로벌 웹3 구축 논의가 시작되어야 한다. 빅테크 소유주의 의지에 따라 콘텐츠 우선순위가 바뀌고 강력한 제한을 받는 플랫폼 의존은 자유로운 교류를 방해할 수 있다. 비주류 집단이 소셜미디어에서 현재 경험하는 어려움과 자유로운 표현의 불확실성은 새로운 대안적 플랫폼 탐색을 촉진했고 웹3는 기존 서비스의 본질적 취약점을 대체할 수 있는 새로운 솔루션으로 부상했다. 웹3에 대한 관심은 기술적 요소뿐만 아니라 탈중앙화된 분산 방식인 DAO를 통한 경영적 측면에서도 미디어 전문가 및 이용자 집단의 주목을 받고 있다.

한편 웹3와 웹3.0은 혼용되어 사용되곤 하지만 그 의미는 상당히 다르다.[53] 월드와이드웹을 도입하며 글로벌 정보 유통의 가능성

---

53 이와 관련한 필자의 설명은 다음 링크에 나와 있음. https://www.youtube.

을 열어준 하이퍼텍스트 기반 인터넷은 1989년 팀 버너스-리(Tim Berners-Lee)가 발명하였다. 버너스-리는 세멘틱(semantic) 웹을 제안하며 이를 웹3.0으로 명명했는데, 이는 데이터에 온톨로지(ontology) 기반 의미를 부여해 컴퓨터가 내용을 이해하고 사용자에게 보다 정확한 정보를 제공하는 웹의 발전된 형태를 지향한다. 반면 버너스-리는 블록체인을 다음 단계 인터넷 구축의 실현 가능한 솔루션으로 보지 않으며 "웹3은 전혀 웹이 아니다"라고 명확히 하였다.[54] 이는 가상자산 비전가들의 미래 계획에 대한 그의 회의적 시각을 드러내며 웹3 명칭이 블록체인 프로젝트에 적용된 것을 유감으로 여긴다.

정리하면 웹 탈중앙화 프로젝트를 지칭하는 새로운 기술 용어의 진정한 의도를 파악하는 것은 복잡할 수 있지만 기술 용어 너머의 숨겨진 의미를 이해하는 것이 중요하다. 새로운 인터넷 기술은 몇몇 강력한 GAFA 플레이어에 의해 지배되지 않는, 더 탈중앙화된 인터넷의 미래를 지향한다는 점에서 중요한 함의를 갖는다. 이는 우리가 추구해야 할 미래 비전의 일환이기 때문이다.

웹3가 가져올 미래의 변화와 도전

수익 극대화를 추구하는 사업자들에 의해 소셜미디어 공간에서 뉴스와 콘텐츠의 유통 및 알고리즘이 자주 변하는 현상은 점점 견디기 어려워진다. 플랫폼이 영리를 목적으로 하며 시장의 자유 원칙을 따른다고 하더라도, 콘텐츠 관리 방식에서 나타나는 문제들이 의견과

com/watch?v=mOff9DyXbiA

54 https://www.cnbc.com/2022/11/04/web-inventor-tim-berners-lee-wants-us-to-ignore-web3.html

사상의 자유로운 교류를 근본적으로 위협한다면 이는 단지 그레셤의 법칙이 초래한 부작용에 불과하다.

물론 웹3 서비스가 시장의 자유를 남용하는 극단적 상업주의 플랫폼에 대한 완벽한 대안이라고 단언하기는 이르다. 하지만 비트코인과 이더리움에서 보여 준 탈중앙화와 분산성을 고려할 때, 웹3 기술이 다양한 목소리를 균형 있게 반영할 수 있는 윤리적인 디지털 플랫폼으로 발전할 가능성에 대한 기대는 여전히 유효하다.

예컨대 2024년 5월 미국 법무부가 발표한 기소장은 탈중앙화된 웹3 기술로서 이더리움의 신뢰성을 강조했다.[55] 이 기소장에서는 두 사람이 이더리움 블록체인을 조작해 전신 사기와 자금 세탁을 했다고 지적했다. 해당 문서에 따르면 "이더리움은 신뢰할 수 있는 중개자 없이도 운영될 수 있는 분산형 블록체인"이며 "이더리움 네트워크를 운영하는 중앙 주체는 없다"라고 했다. 이러한 사실은 이더리움 스마트 계약이 중개자 없이도 거래를 가능하게 하며 그로 인해 투명하고 공정한 거래 환경을 제공한다는 점을 부각했다.

웹3 기술이 지닌 이러한 분산화 특성은 새로운 탈중앙화 네트워크의 신뢰도를 더욱 높이고 기술의 본질적 가치를 입증하는 중요한 요소로 작용한다. 그럼에도 탈중앙화를 포기함으로써 웹3 기술의 근본 목표를 훼손하는 프로젝트들은 존재한다. 이러한 프로젝트들은 초고속 처리 능력과 의사 결정 효율성을 중심으로 개발되지만 이는 웹3 기술이 추구하는 투명성, 보안, 사용자의 자율성과는 배치된다.

---

55 https://cointelegraph.com/news/ethereum-price-rallies-above-3100-after-unexpected-regulatory-victory

탈중앙화는 정보와 권력의 분산을 통해 단일 실패 지점을 제거하고 검열 저항성을 강화하는 등 웹3의 핵심 가치 중 하나다. 그러나 일부 프로젝트는 시장 점유율 확대나 사용자 기반의 빠른 성장을 위해 이러한 원칙을 소홀히 다루기도 한다. 이는 장기적으로 보았을 때 웹3 기술의 신뢰성과 지속 가능성에 부정적인 영향을 미칠 수 있다.

분산적 인터넷에 대한 개념적 논의

토큰화와 불역성에 따른 관점

새로운 기술이 등장할 때마다 사용 사례에 대한 정보가 소개 목적만을 위해 소량으로 제공된다는 점에서 블록체인 역시 예외는 아니다.[56] 하지만 개별 사례들을 조각적으로 다루는 이 방식은 사람들이 웹3 기술의 전반적인 구조를 이해하는 데 방해가 될 수 있다. 이러한 상황에서 필요한 것은 개념적 틀과 체계적인 접근 방법이다. 이론적 결핍은 우리가 현상을 적절히 설명하고 미래를 예측하는 데 있어 방

---

56 Zago, M.G. (2018). 50+ Examples of How Blockchains are Taking Over the World. http://medium.com/@matteozago/50-examples-of-how-blockchains-are-taking-over-the-world-4276bf488a4b

해 요소가 될 수 있음을 시사한다.[57]

웹3에 대한 인문 사회학적 접근을 위해 필자는 '대구시 블록체인 워킹그룹'을 포함한 전문가 좌담회에서 2019년부터 네 가지 분류 모델을 제시하며 개념적 기반을 마련해 왔다.[58] 이 개념화 과정의 주요 과제는 분류 체계를 설정하는 것이었다.[59]

이를 위해 <그림 7>에 나타난 사분면 체계에서 X축은 블록체인의 핵심 기술적 특성 중 하나인 변경 불가능성, 즉 불역성(immutability)을 나타내고 Y축은 블록체인이 사회 경제적으로 가져올 변화, 즉 토큰화(tokenization)를 나타낸다. 반면 X축과 Y축의 반대 방향에는 각각 되돌릴 수 있는 성질, 즉 되돌림(revertability)과 인증화(authentication)가 위치한다. '인증화'라는 용어는 분산화를 지향하는 토큰화와 대비되는 개념으로 사회 경제적 측면에서 중앙 집중적 권위를 지닌 주체가 수행하는 확인 절차를 의미한다. 이는 토큰화가 자율성과 분산화를 강조하는 반면 인증화는 중앙 집중적인 검증과 권위에 의존하는 구조를 나타낸다.

물론 블록체인 기반 웹3 기술 분야는 인증(authentication) 개념을 사용한다.[60] 이것은 디지털 서명을 사용하여 정보와 그 출처의 진

57 Modis, T. (1992). Predictions: Society's Telltale Signature Reveals Past & Forecasts the Future. Simon & Schuster.

58 이 모델을 처음 제안했던 발표 영상은 이 주소에서 시청할 수 있음. https://www.youtube.com/watch?v=BEwbZ1OMoW4

59 Park, H.W., & Ozel, B. (2019). The Rise of Blockchain Technology: Overcoming Theoretical Poverty and Its Implications for Developing Countries. Journal of Contemporary Eastern Asia. 18(2), pp. 1-8.

60 https://a16zcrypto.com/posts/article/blockchain-internet-glossary-key-terms-read-write-own-book

위, 유효성 또는 신원을 증명한다. 이는 암호학의 주요 가치 제안 중 하나다. 디지털 서명은 정보가 변경되지 않았음을 보장하며 정보를 보낸 사람이 주장하는 바와 일치하는지 확인할 수 있게 한다. 이러한 방식으로 인증은 정보 보안과 신뢰성을 크게 향상하는 핵심 요소로 작용한다.

블록체인의 불역성은 기술의 핵심적인 특성으로 이를 되돌릴 수 있다는 것은 논리적으로 모순이다. 이런 맥락에서 '되돌림'은 단순히 기존 정보의 변경을 의미하기보다는 프로그래밍할 수 있는 기능, 즉 'programmable'의 의미를 더욱 강조한다. 이는 웹3 환경에서 개발자들이 자유롭게 스크립트, 즉 코드를 작성하여 서비스를 제공하며 대중에게 빠르게 배포할 수 있게 한다. 이 과정에서 커뮤니티의 요구 사항을 반영하여 특정 기능을 프로그램이 순차적으로 처리하며 그 결과를 토큰화하여 외부 장치를 통해 배포하는 구조를 가진다. 이러한 접근 방식은 개발자, 투자자, 사용자를 포함한 다양한 이해관계자들이 원하는 특정 목적에 맞게 블록체인 기술을 조정하고 활용할 수 있게 만든다.

두 축으로 구분된 사분면을 활용해 웹3에 대한 다양한 주장과 옹호를 민주주의의 관점에서 체계적으로 <그림 7>에 정리해 보았다. 이 구조는 웹3 기술과 관련된 논의를 민주적 가치와 연결해 분석하는 데 도움을 준다. 각 축은 웹3 기술이 사회에 미치는 영향을 다른 각도에서 바라보는 기준을 제공하며 이를 통해 기술의 민주적 잠재력과 그 한계를 탐색할 수 있기 때문이다.

<그림 7> 분류적 조망

첫 번째 유토피아주의적 논리와 그에 대한 예시를 살펴보면 웹3 기술의 이상적인 상황으로서 네트워크의 모든 참여자가 거래 기록과 검증에 참여한다. 이 과정에서 참여자들에게 제공되는 재정적 인센티브는 상호 인정과 네트워크 유지를 위한 것이다. 다양한 토큰을 통해 대규모로 이뤄지는 피어 간 상호작용이 가능해진다. 이것은 비트코인의 이념과 가치를 따르는 입장으로도 볼 수 있다. 비트코인 알고리즘이 가진 잠재력과 한계에 대해 무한한 지지를 보내는 것이다. 비트코인의 투명성과 변경 불가능성이 중앙 집중적 권력에서 개인의 독립할 수 있게 하는 데 유용하다고 여긴다.

한편 에드워드 스노든(Edward Snowden)은 웹3 기술, 즉 블록체인을 '신뢰의 종착역'으로 평가했다.[61] 전 NSA 계약직 직원이자 CIA 기술자였던 스노든은 2013년 미국 정부의 대규모 감시 프로그램을 폭로하면서 전 세계적인 명성을 얻었다. 그의 폭로는 전 세계에서 개

61 Wizner, B. (2018). Edward Snowden Explains Blockchain to His Lawyer-and the Rest of Us. McSweeney's Issue 54: The end of trust. pp. 116-130.

인정보보호와 정부 감시에 대한 깊은 논의를 촉발했다. 스노든은 블록체인이 단순한 기술이라 할지라도 조작 불가능한 새로운 역사를 만들어내고 검증할 수 있는 회계와 감시 프로그램을 가능하게 한다고 설명한다. 또한 그는 모든 새로운 기술과 마찬가지로 블록체인에도 혼란, 붕괴, 남용의 위험이 있지만 그 영향이 긍정적인지 부정적인지는 결과의 균형에 달려 있다고 주장한다. 이는 웹3가 유토피아적 비전을 제시하면서도 기술의 이중적 성격을 반영하고 미래 사회에 미칠 영향에 대한 균형 잡힌 시각을 제공해야 함을 시사한다.

두 번째 관점은 유토피아주의자들의 논리를 일정 부분 인정하면서도 완전한 '토큰 경제'에 대해서는 보다 신중한 태도다. 이런 접근 방식은 비트코인과 같은 채굴형(PoW) 퍼블릭 체인의 핵심 기술을 수용하되, 그 실행에 있어 '하이브리디즘'이라고 할 수 있는 중간 길을 모색한다. 이러한 입장에서 토큰의 발행과 분배는 중앙화된 기관의 승인을 (부분적으로) 필요로 한다고 본다. 따라서 은행과 같은 기관이 공인하는 사설 또는 위임화된 인증 모델을 탐색하며 기술 기업이 이에 맞춰 블록체인 기반의 인증 시스템을 개발하고 제공한다.

IBM[62]은 예를 들어 블록체인을 마이크로소프트 윈도우나 맥 OS와 같은 다양한 운영 체제 중 하나로 생각할 것을 제안했다.[63] 이 관점에서 비트코인이나 이더리움 등은 해당 운영 체제에서 실행될

---

62 1911년에 설립된 미국의 다국적 기술 회사로 처음에는 기계류 제조로 시작해 시간이 지나면서 컴퓨터, 클라우드 컴퓨팅, 인공지능 같은 정보기술 분야로 확장함. IBM은 기업과 정부에 IT 솔루션과 서비스를 제공하며 특히 인공지능 플랫인 Watson으로 유명함.

63 Gupta, M. (2018). Blockchain for Dummies®, 2nd IBM Limited Edition. Hoboken, NJ: John Wiley & Sons, Inc.

수 있는 여러 응용 프로그램 중 하나로 간주된다. IBM은 중고차 거래 등 다자간 계약을 실행할 수 있는 블록체인 기술의 가능성을 주장한다. 웹2를 주도했던 오라일리 미디어(O'Reilly Media)도 비슷한 시각을 제시하며 가상자산을 넘어선 다양한 블록체인 응용 프로그램의 존재를 강조한다.[64]

이런 혼종적 하이브리드 접근은 블록체인 기술의 잠재력을 인정하며 적용 범위와 방식에서 유연하고 실용적인 방향을 모색한다. 블록체인의 투명성과 변경 불가능성이 개인 프라이버시 보호와 중앙 집중적 권력에서 독립에 유용할 수 있음을 인정한다. 하지만 블록체인 기술이 추적 가능하고 영구적인 기록을 남겨 프라이버시 침해의 위험을 내포하고 있음을 지적한다. 따라서 인증화를 담당하는 규제 기관의 역할과 중요성을 강조하며 기술과 규제 사이의 균형 찾기를 중요시한다.

세 번째 유형은 공리주의적 관점으로 볼 수 있다. 공리주의는 행동의 도덕적 옳고 그름을 결정짓는 기준으로 그 결과가 가져오는 전체적인 효용을 중시하는 철학이다.[65] 이에 따라 웹3 기술의 가치와

---

64 Swan, M. (2015). Blockchain: Blueprint for a New Economy. O'Reilly Media Inc.

65 고전적 공리주의의 가장 중요한 인물로는 제러미 벤담(Jeremy Bentham, 1748-1832)과 존 스튜어트 밀(John Stuart Mill, 1806-1873)이 있으며 벤담과 밀은 중요한 이론가이자 사회 개혁가로 활동했음. 비록 공리주의가 올바른 도덕 이론인지를 결정하는 일은 이론의 다양한 세부 유형과 각 유형의 올바름에 대해 여러 논쟁이 있었지만 21세기에도 이를 지지하는 사상가들이 많음. 이 책에서는 공리주의에 대한 간단한 설명 후 웹3와 관련하여 이것의 대한 주요 관점을 소개함. 공리주의 이론에 대한 더 상세한 철학적, 윤리적 설명은 다음을 참고 바람. https://iep.utm.edu/util-a-r

정책은 이 기술이 사람들에게 가져다주는 총이익과 행복 또는 만족을 극대화하는 방향으로 평가될 수 있다. 이 관점은 웹3의 디지털화가 토큰화와 불가분의 관계에 있으며 이러한 토큰화의 잠재적 유용성을 포기해서는 안 된다고 주장한다. 예를 들어 네트워크의 지속 가능성과 안정성을 유지하기 위해 참여자들에게 경제적 보상으로 토큰을 제공하는 것을 긍정적으로 바라본다. 그러나 반대로 블록체인의 불변성이 정부에 의한 시민 감시 등의 목적으로 사용된다면 개인의 자유와 권리에 대한 위협이 될 수 있다는 점도 인정한다.

더 나아가 블록체인 기술이 전통적 금융 시스템과는 다른 방식으로 작동하며 새로운 형태의 금융 독점을 가능하게 할 수 있음을 지적한다. 하지만 이 기술이 남용되거나 잘못 관리될 경우 예상치 못한 부작용이 발생할 수 있다. 이에 따라 공리주의적 접근에서는 토큰화가 웹3 기반 사회에서 원활한 전환을 가능하게 하는 동시에 원래의 시스템으로의 복귀 가능성을 염두에 두어야 한다고 주장한다. 이러한 관점은 토큰화의 이점을 최대화하고 잠재적 위험을 최소화하는 방향으로 웹3 기술의 발전과 적용을 고민한다.

마지막 관점은 절충주의에 해당한다. 이는 새로운 웹3 기술의 트렌드를 따르되 필요한 경우 인증화된 중앙 집중식 시스템으로 복귀할 수 있어야 한다고 보는 입장이다. 이러한 관점은 전통적인 정치 운영 방식(politics as usual)[66]을 유지하면서도 새로운 기술에 대해 시범적으로 정책을 시험해 볼 수 있는 '모래 상자(sand box) 접근법'[67]을

66 정치에서 흔히 볼 수 있는 전통적이거나 예상되는 행동, 접근 방식, 결정 과정을 가리키는 표현. 이는 대체로 변화나 혁신 없이 기존의 관, 정책, 전략이 계속되는 상황을 의미하며 종종 비판적이거나 회의적인 맥락에서 사용.

제안한다. 이는 정부가 웹3 기술을 활용하여 새로운 정책을 시행하는 과정에서 기술이 가져올 수 있는 긍정적 효과와 함께 잠재적 부정적 영향을 모두 고려하고자 하는 태도를 반영한다.

절충주의는 이 기술이 사회적, 정치적 맥락에서 어떻게 활용되느냐에 따라 결과가 크게 달라질 수 있음을 강조한다. 따라서 이 접근법은 새로운 기술의 도입과 적용에 있어 유연성을 가지면서도 가능한 위험을 최소화하고자 하는 신중한 태도다. 이러한 절충적 접근은 기술 발전의 혜택을 활용하려는 동시에 그로 인한 변화가 기존의 사회적, 경제적 구조에 미치는 영향을 신중하게 평가하려는 노력의 일환이다.

요약하면 필자는 웹3 기반 토큰화 거버넌스 구조와 블록체인의 분산 네트워크를 구성하는 네 가지 주요 차원을 체계적으로 분석하기 위해 범주적 틀을 마련하였다. 이것은 개념적 체계와 이론적 목표를 설정하기 위한 노력이었다. 이 유형론에서 토큰화와 인증, 그리고 불변성과 되돌림이라는 두 개의 축은 상호작용하며 네 차원의 이론적 접근의 발전과 실행에 중요한 역할을 한다. 이러한 틀을 통해 우리는 각 차원이 어떻게 상호 연관되어 있는지, 그리고 각 축이 어떻게 토큰화 거버넌스 구조 내에서 기능하는지에 대한 거시적 이해를 할 수 있게 된다. 이는 블록체인 기술과 웹3의 복잡한 관계를 이해하는 데 필수적인 기초를 제공한다.

---

67 신기술을 시장 환경에서 실험할 수 있도록 규제를 일시적으로 완화하는 정책. 이를 통해 기업은 리스크를 줄이며 혁신을 시도할 수 있고 새 기술의 효과를 평가하며 적절한 규제를 찾을 수 있는 장점이 존재.

중앙 집중주의 대 탈중앙 분산화

이러한 유형들은 웹3 기술이 사용자와 사회에 어떻게 긍정적인 변화를 가져올 수 있는지, 그리고 이 기술이 민주적 가치와 어떻게 일치할 수 있는지에 대한 깊은 이해와 실천적 접근을 요구한다. 유토피아주의자와 토큰화 입장은 종종 기존 금융 독점을 해체하는 것이 더 효율적이고 공평한, 시민 중심의 민주적 사회 구조로 회귀할 수 있는 길이라고 본다. 그들은 웹3 기술, 특히 PoW 기반 블록체인이 그 결함에도 불구하고 네트워크화된 세계를 조직하는 최적의 시스템이 될 수 있다고 주장한다. 즉, 웹3 기술의 발전은 사용자의 데이터 주권을 강화하고 개방성, 투명성, 참여를 촉진하는 중요한 기회를 제공함으로써 더 포괄적이고 참여적인 디지털 생태계로의 전환을 가능하게 한다.

웹3 기술의 탈중앙화 논쟁은 분산화의 유형보다는 그 정도(degree)에 집착하면서 사람들을 오도하고 있으며 잘못된 문제의식에 초점을 맞추고 있다는 입장도 있다.[68] 우리가 현재 사용하는 TCP/IP[69] 기반 프로토콜(protocol) 중심의 인터넷이 보안 및 효율성을 이유로 설계되어 전례 없는 성공을 거두었다. 그 가장 큰 배경은 인터넷이 처음부터 '네트워크들의 네트워크'(network of networks)로 설계되었기 때문이다. 즉, 보완적으로 작동하는 수많은 네트워

68 Siddarth, D., Allen, D., & Weyl, G. (2022, May 12). The Web3 decentralization debate is focused on the wrong question. Wired. https://www.wired.com/story/web3-blockchain-decentralization-governance

69 TCP/IP는 Transmission Control Protocol/Internet Protocol의 약어임. HTTP, FTP, SMTP 등은 TCP를 기반으로 하는 애플리케이션 프로토콜들이 IP 위에서 동작하기 때문에 TCP/IP로 통칭함.

크들이 하나의 큰 네트워크처럼 '조합 가능한 지역적 제어'(CLC, composable local control)를 만들어낸다. 이러한 합성 가능한 지역적 제어는 시장과 민주주의 모두의 핵심 원칙을 활용하여 의사 결정을 분산시킬 수 있는 장점이 있다. 이슈에 가장 근접한 사람들은 보통 가장 많은 지식을 갖고 이해관계에 있으며 이러한 지식을 종합하고 연결하고 걸러내어 최상의 집단적 의사 결정을 내릴 수 있기 때문이다.

<표 4>와 같이 보완적 네트워크 연합 시스템과 분산 블록체인 렛저의 중복도를 세부적으로 비교하면 보완성 기반의 연합이 CLC를 더 효율적으로 가능하게 하는 분산 구조 및 유형이라는 입장이다. 그러나 웹3의 지배적인 기술인 블록체인은 보완성을 제공할 가능성이 낮고 심지어는 보완성과는 반대로 실행될 수도 있음을 주장했다. 특히 누구나 참여하는 공개형의 허가 없는 PoW 블록체인은 익명의 경제 메커니즘에 의해 저장 및 권한이 할당되며 수학적 계산 및 토큰과 같은 대체 가능하고 거래 가능한 자원을 통해 접근되는 분산 중복 렛저로 구축된다. 이 아키텍처는 매우 좁은 문제 집합에 최적화되어 있어 본질적으로 문제 해결 조정이 실제로 필요한 풍부한 경제 및 사회 네트워크와 마주할 수 없다. 스테이블 코인과 같은 분산 금융 시스템에서 보여 준 과거의 취약함은 웹3 생태계가 이미 자산, 정보 및 권력을 극단적으로 집중시켰다는 것을 보여 준다고 지적했다.

현재 인터넷 프로토콜 네트워크에서 적용된 거버넌스의 장점을 부정할 수는 없다. 이는 여러 대중적 소프트웨어 프로젝트를 통해 수십 년 동안의 시행착오를 거쳐 개선된 결과이며 개발자, 사용자, 그

<표 4> 네트워크 기반 보완성 VS 렛저 기반 중복도

Subsidiarity/Network 보완성/네트워크	Global Redundancy/Ledger 글로벌 중복성/렛저
Social Context 사회적 맥락	Contextless 맥락 없는
Trusted Relationship Substrate 신뢰할 수 있는 관계 기판	Global Node Substrate 글로벌 노드 기판
Privacy as Contextual Integrity 맥락적 무결성으로서의 개인정보보호	Privacy through Cryptography/ Pseudonymity 암호화/가명화를 통한 개인정보보호
Commons Governance 공유재 거버넌스	Coin Voting Governance 코인 투표 거버넌스
Adaptive Coordination 적응형 조정	Automatic/Automated Organization 자동/자동화된 조직
Overlapping Social Institutions 중복된 사회적 제도들	Code is Law 코드가 법
Distributed Permissioning 분산적 권한 부여	Permissioned by Fungible Assets 대체할 수 있는 자산에 의한 허가
Security through Diversification 다각화를 통한 보안	Security through Quantitative Replication 양적 복제를 통한 보안

출처: Siddarth, Allen, & Weyl (2022) 자료를 바탕으로 저자가 부분적 재구성.

리고 커뮤니티 구성원의 연합을 통해 네트워크가 잘 운영되고 있다는 증거다. 현재 블록체인 소프트웨어에서는 이와 비슷하게 '온체인'(on-chain)과 '오프체인'(off-chain)을 분리하여 접근하고 있다. 온체인은 모든 거래 정보가 블록체인의 공개적이고 영구적인 원장에 직접 기록되며 한 번 기록되면 변경할 수 없다. 반면 오프체인은 거래 정보가 블록체인 외부에 저장되고 필요에 따라 일부 결과만 블록체인에 기록한다. 온체인은 트랜잭션 속도가 느리고 비용도 더 높지만 높은 수준의 보안과 투명성을 제공한다. 오프체인은 거래 처리가 매우 빠르고 비용이 거의 없어 대규모 트랜잭션 처리에 효율적이다. 오프체인은 개인정보보호 측면에서 유리하며 규모의 확장성이 온체인보다 훨씬 높다.

그럼에도 블록체인이 아닌 기존 인터넷 거버넌스의 유지 입장은 중앙 집중주의와 탈중앙화 분산화 사이의 이분법적 대립으로 간주할 수 있는 위험이 있으며 웹3 기술의 발전 속도와 사회적 영향을 고려하지 않고 오로지 전통적 체계만을 추구하는 시각일 수 있다.

메리토크라시 대 플루토크라시

한편 작업증명(PoW) 방식의 블록체인은 능력주의, 즉 메리토크라시(meritocracy)에 기초한 가치관을 반영할 수 있다고 볼 수 있다. 메리토크라시는 개인의 능력 및 성과를 기반으로 사회적 지위나 권력이 결정되는 정치철학을 말한다. 이런 관점에서 PoW 기반의 웹3 기술은 채굴공헌도에 따라 개인이나 집단에 보상을 분배하는 체계로 해석될 수 있으며 이는 경제적 자유주의와 밀접하게 연결된다. 이러한 기술적 특성은 디지털 환경에서 메리토크라시 원칙을 구현할 수 있는 기회를 제공한다.

구체적으로 말하면 PoW 방식은 참여자들이 복잡한 수학적 문제를 해결하여 새로운 블록을 생성하고 그 과정에서 발생하는 보상을 획득하는 메커니즘이다. 이는 곧 참여자의 기여도와 능력에 직접적으로 연결되며 더 많은 자원과 노력을 투입하는 개인이나 집단이 더 큰 보상을 받는 구조다. 이 과정에서 메리토크라시적 원칙이 드러나며 참여자의 기술적 능력과 기여도가 그들이 받는 보상의 규모를 결정짓는다.

물론 이러한 시스템은 완벽한 메리토크라시 구현에 있어 한계를 가질 수 있다. 예를 들어 초기 자본이나 기술적 자원에 대한 접근성이 제한된 참여자들은 더 큰 보상을 얻기 위한 경쟁에서 불리할 수 있다. 이는 디지털 환경에서의 능력주의적 가치 실현이 모든 참여자에게 동등한 기회를 제공하지 않을 수 있음을 시사한다.

그럼에도 PoW 블록체인은 개인 기여도와 성과를 정확히 기록, 평가하는 기술적 기반을 제공한다. 이를 통해 탈중앙화된 금융 시스템 같은 경우 사용자의 자본 기여, 거래 활동 등을 투명하게 추적, 보상한다. 블록체인은 개방성과 투명성으로 모두에게 평등한 기회를 부여하며 이는 공정한 경쟁을 가능하게 한다. 중앙 집중식 시스템과 달리 사용자의 배경과 관계없이 모두가 네트워크에 기여하고 보상받을 수 있는 환경을 마련한다. 블록체인의 불변성은 모든 거래와 활동을 공정하게 처리되는 것을 보장하며 이는 신뢰와 공정성을 강화한다.

이 관점에서 능력주의의 기본적인 세계관을 재고해야 한다는 주장이 있다.[70] 능력주의의 본질적 목적은 진보적 휴머니즘의 이상적인 삶을, 즉 개인의 성취와 사회 공헌이 조화롭게 실현되는 것을 제도화하는 데 있다. 하지만 능력주의가 지지하는 세계관은 종종 사회 공헌과 무관하게 개인의 성취만을 추구하는 것으로 오해될 수 있다. 물론 실제로 능력주의는 사회 공헌보다 개인의 성취를 더 강조하는

70 Zhang, T. (2024). The illusion of meritocracy. Social Science Information, 63(1), pp. 114-128.

경향이 있지만 이는 개인의 자기 개발을 통한 민주주의적 세계관의 일환으로 볼 수 있다. 따라서 성과주의 내에서도 개인의 공헌과 사회적 가치가 중요한 역할을 한다는 점을 인식하는 게 중요하다. 이는 성과에 기반한 능력주의가 단순히 세속적 욕망의 충족이 아닌 개인과 사회의 조화로운 발전을 지향한다는 본질적 가치를 강조한다.

그렇다면 PoW와 대비되는 PoS 방식은 어떤 차이를 보일까? PoS도 탈중앙화된 거버넌스 구조를 통해 커뮤니티 구성원들이 네트워크 운영과 규칙 설정에 참여하며 메리토크라시 원칙을 실현할 기회를 제공한다. 그러나 PoS 블록체인은 PoW와 달리 기술적 공헌도가 아닌, 토큰 보유량에 따라 보상을 분배하며 이는 플랫폼 내에서 더 많은 지분을 가진 개인이나 조직이 의사 결정 과정에서 중요한 역할을 하게 한다. 이 현상은 웹3 경제에서 부유한 개인이 지배하는 플루토크라시(plutocracy), 이른바 귀족주의 체제로 이어질 수 있다.

플루토크라시는 부(富)를 뜻하는 그리스어 '플루토스'(ploutos)에서 유래했으며 토큰의 축적이 새로운 형태의 독점적 권력 형성에 중요한 역할을 한다는 것을 의미한다. 웹3 기술은 본래 정보와 자산의 소유 및 관리를 분산화하여 사용자에게 더 많은 데이터 소유권과 통제권을 부여하려는 목적을 가지고 있다. 이는 플루토크라시와는 반대되는 개념이지만 실제로는 PoS 기반 웹3 플랫폼에서 코인이나 토큰의 초기 분배가 소수에게 집중될 수 있으며 이는 웹3 기술이 플루토크라시를 무의도적으로 조장할 위험이 있다는 것을 보여 준다.

플루토크라시의 잠재적 위험에도 불구하고 온체인 거버넌스는 웹3의 민주적 발전에 기여할 수 있다는 견해가 지배적이다.[71] <표 5>를 보면 기존 인터넷 시스템, 민간 기업, 웹3 블록체인의 거버넌스 체제의 효율성과 네트워크 구조의 특징을 강점과 약점의 측면에서 분석하고 있다.

<표 5> 네트워크 유형에 따른 거버넌스 효율성과 역할 구조에 대한 비교

네트워크	거버넌스 기구	거버넌스 방법	장점	단점
웹1 프로토콜 중심의 기존 인터넷 네트워크[72]	커뮤니티	네트워크 구조에서 나타나거나 등장하는 비공식적 방법[73]	기술적 업그레이드에 국한된 느린 변화[74]	대형 기업이나 거대 투자자에 의한 인수 위험, 변화에 느린 움직임[75]
웹2 플랫폼 기업 중심의 네트워크[76]	기업	법적 소유권[77]	신속하고 일방적인 의사 결정[78]	불투명하고 비민주적이며 회사 이익을 높이는 방식[79]
웹3 온체인 거버넌스를 갖춘 블록체인 네트워크[80]	커뮤니티	토큰 투표를 통한 공식적 방법[81]	의도적으로 설계되어 네트워크 변화에 탄력적임[82]	플루토크라시적 요소를 지닌 금권정치의 위험: 너무 큰 힘을 가진 거대 토큰 보유자[83]

출처: Dixon (2024) 자료를 바탕으로 저자가 한국어로 재구성

---

71 Dixon, C. (2024). Read Write Own: Building the Next Era of the Internet. New York, NY: Random House.

72 원문: Protocol networks and blockchain networks with off-chain governance

73 원문: Informal, emergent from network structure

74 원문: Changes slowly, mostly limited to technical upgrades

75 원문: Risk of takeover by large nodes, slow moving

76 원문: Corporate networks

77 원문: Legal ownership

78 원문: Fast, unilateral decision making

참여 민주주의 관점에서 딕슨(Dixon)의 삼각 유형론은 전통적 기업, 인터넷, 그리고 새로운 웹3 네트워크 구조에서의 거버넌스 체제와 소프트웨어 엔지니어링에 대한 사회학적 해석을 제공한다. 이 유형론에서는 커뮤니티의 존재가 기존 인터넷과 웹3 모두에서 네트워크를 관리하는 핵심 요소로 기능하지만 인터넷과 웹3의 커뮤니티 기반 거버넌스 방식은 차별화된 특징을 나타낸다.

예컨대 웹3 커뮤니티에서 '토큰 기반 투표'는 기존 시스템과는 확연히 다른 사회적 합의 형태를 의미하며 이는 다른 시스템과 구분되는 중요한 요소다. 딕슨은 웹3의 의사 결정 시스템이 전통적 사고와 결합하여 내부 유연성과 네트워크의 회복력을 갖춘 의도적으로 설계된 거버넌스 형태로 빠르게 발전했다고 설명한다.

필자는 딕슨의 이러한 설명을 앞에서 제시했던 '공리주의'와 유사한 형태로 이해하면서 소프트웨어 설계와 토큰 기반 거버넌스 차원을 특히 강조한다. 공리주의 모델에서는 토큰화가 우선시되며 투표를 통해 변경 가능성이 존재해 웹3 서비스의 유틸리티 가치가 높게 형성될 수 있다.

예컨대 이더리움 진영에서 PoS 기반 스마트 계약을 통해 소프트웨어 엔지니어링에서 많은 사람들의 참여도가 증가했을 뿐만 아니라 사용자 중심의 신원인증(identity verification) 시스템 구축, 강화

---

79 원문: Opaque, undemocratic, serves company interests

80 원문: Blockchain networks with on-chain governance

81 원문: Formal, through token voting

82 원문: Intentionally designed, resilient to network changes

83 원문: Risk of plutocracy: Big token holders with too much power

된 보안, 그리고 공정한 분배 등 사회 공공재를 창출될 수 있다. 이러한 분석은 웹3 기술이 가져올 변화의 폭과 깊이를 잘 보여 준다.

미국의 약 2만 가구를 대상으로 한 설문 조사 결과에 따르면 소득 수준이 온라인 활동에 대한 이해에 영향을 미치는 것으로 나타났다.[84] 고소득 계층은 인터넷을 활용하여 다양한 정보원을 탐색하고 이를 자신의 필요에 맞게 활용하는 공리주의적 접근을 선호한다. 반면 저소득 계층은 인터넷을 통해 사회적 참여를 확대하고 새로운 인간관계를 형성하는 데 중점을 두는 경향이 있다.

이러한 차이는 인터넷의 사용 방식에 있어서 공리주의적 관점과 참여 민주주의가 모두 중요하며 이 두 관점은 인터넷의 초기 수용부터 웹3의 미래 사용에 이르기까지 중요한 역할을 한다는 것을 시사한다. 이는 웹3 기술이 창출할 새로운 콘텐츠와 서비스가 단순한 정보 접근을 넘어 사회적 참여와 개인의 온라인 활동 상황에 따라 다양하게 변화할 수 있다는 점을 드러낸다.

한편 플루토크라시 요소를 지닌 금권정치의 위험을 완화할 수 있는 가장 효과적인 방법은 토큰을 광범위하게 분배하는 것이다. 토큰 소유는 커뮤니티 전체에 고르게 분포되어야 하고 어떤 투표 그룹도 과도한 권력을 갖지 않아야 한다. 또한 딕슨(Dixon)이 제안한 바와 같이 미국의 양원제와 비슷한 시스템을 도입해 대형 소프트웨어 공급자가 거버넌스에서 과도한 영향력을 행사하는 것을 제도적으로 차단할 수 있다. 이를 위해 네트워크 구조를 분리하면 한 집단은 재단이 선정

84 Chung, W.Y., & Henderson, J. C. (2008). Americans on the Internet: Utilitarian and Social Participation Perspectives. Sprouts: Working Papers on Information Systems, 1(16). http://sprouts.aisnet.org/1-16

한 존경받는 커뮤니티 구성원으로 다른 집단은 토큰 보유자로 구성될 수 있다. 때로는 재단 측이 제안된 변경 사항을 거부할 수도 있다.

이원적 거버넌스 접근 방식은 PoS 시스템뿐만 아니라 PoW 시스템에서도 실행할 수 있으며 다양한 이해관계자들이 의사 결정 과정에 참여하게 해 준다. 예컨대 채굴자들은 거래의 유효성을 확인하고 블록을 생성하는 책임을 진다. 개발자들은 소프트웨어 업데이트와 프로토콜 개선 작업을 담당하며 토큰 소유자들은 거버넌스 제안에 투표함으로써 프로토콜의 발전 방향에 직접 영향을 미친다. 이 분산 거버넌스 모델은 중앙 집중형 거버넌스와 대비되며 블록체인 기술의 핵심 원칙인 탈중앙화를 촉진한다. 높은 투명성과 참여도를 보장하고 네트워크의 안정성과 지속 가능성을 강화하는 데 기여한다.

사례 분석, 읽을거리, 생각거리

사례 분석: 헬륨과 플로키 이누

PoW 방식을 채택한 헬륨(Helium)의 사례는 흥미롭다. 헬륨은 디핀(DePIN, Decentralized Physical Infrastructure Networks)[85] 유형의 웹3 기술이다. 디핀은 실제 세계에 블록체인 기술을 적용해 탈중앙화된 물리적 인프라를 구축하려는 시도로 사람들로부터 초기에 큰 관심을 받았다. 이 구조는 모바일 네트워크, 기지국, 무선 네트워크용 라우터부터 클라우드 네트워크용 서버에 이르기까지 다양한 물리적 인

85 메사리(Messari)의 2022년 보고서에서 구체적으로 언급된 것으로 알려짐.

프라를 탈중앙화함으로써 그 범위를 넓혀가고 있다. 실제로 작동하는 오프체인 컴퓨팅 인프라와 블록체인 기술을 연결하는 것은 사람들의 현실 세계 활동을 기록하고 해당 활동에 기반한 수수료를 공급자에게 분배하는 효율적인 메커니즘을 제공한다. 그러나 이 개념이 사물인터넷(IoT)의 아이디어와 유사해 완전히 새로운 것이라고 보기 어려울 수 있다. 오히려 기술, 통신, 에너지 등 다양한 분야에서 중앙 집중적인 통제나 소유를 넘어서 분산적 방식으로 리소스를 공유하고 재분배하려는 이 개념은 그 범위가 넓어 디핀과 민주주의 사이의 관계를 더욱 복잡하게 만든다[86] <그림 8>.

<그림 8> 메사리 2022년 보고서에 나타난 디핀

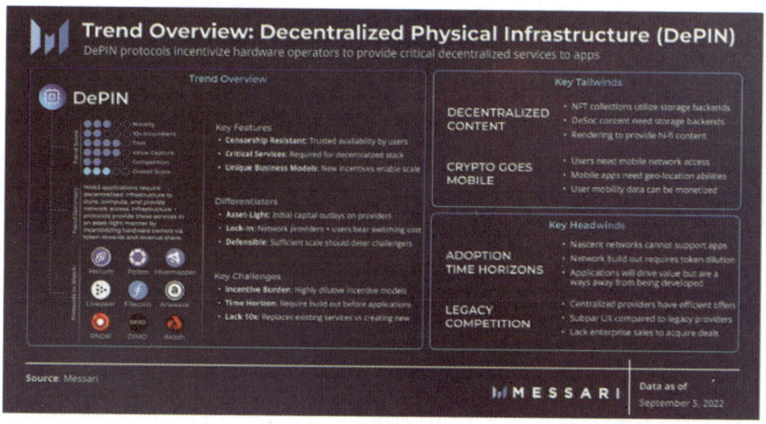

출처: 메사리 보고서 p. 150[87]

그런데 헬륨은 웹3 기술의 뛰어난 사용 사례로 미디어에 의해서

86 설상가상으로 투자 측면에서 데이터 스토리지 산업에서 주목받았던 파일코인같은 디핀 기술의 큰 하락은 사람들에게 실망을 안겨 주었음.

손꼽혔으나 수익 창출에 어려움을 겪으면서 프로젝트 초기에 경영진과 그들의 친구들이 대부분의 부를 독차지했다고 한다.[88] 일반 이용자들은 큰돈으로 핫스팟에 투자했지만 대부분 미미한 토큰 보상을 받았다. 그런데, 헬륨 경영진과 초기 지지자들은 프로젝트 초기에 채굴된 토큰의 대부분을 독차지했다. 해당 가상자산(HNT) 가격 하락으로 투자자들은 채굴한 토큰의 가치가 감소하며 실망감을 느꼈다.

대규모 투자자들, 특히 자본가와 벤처투자사가 토큰을 대량으로 소유하는 현상은 시장에 상당한 영향력을 부여하며 이는 신규 참여자에게 불리하게 작용할 수 있다. 많은 블록체인 프로젝트가 도입한 DAO 형태의 거버넌스 모델은 토큰 기반 투표 시스템을 통해 의사결정 구조를 정하고 있다. 이 시스템에서는 토큰 보유량에 따라 투표권이 결정되기 때문에 이는 기존 금융 체계와 유사한 플루토크라시적 경향을 만들어낼 수 있는 위험을 내포하고 있다.

예를 들어 유명한 밈코인 중 하나인 플로키 이누(Floki)는 2023년 1월과 2024년 3월 토큰 소각을 제안하고 실행했다. 이러한 토큰 소각은 유통 중인 토큰의 일부를 영구적으로 제거함으로써 공급량을 줄이고 결과적으로 가격을 올릴 수 있는 전략이다. 이 과정은 장기적으로 프로젝트의 경영 안정성을 확보하고 특히 자체 체인 외부에서 유통되는 토큰을 대상으로 하여 보안성을 강화한다. 즉 토큰을 소각해 해당 토큰들이 시장에 유통되지 않도록 하여 악용되거나 투

87 https://resources.messari.io/pdf/messari-report-crypto-theses-for-2023.pdf

88 https://www.forbes.com/sites/sarahemerson/2022/09/23/helium-crypto-tokens-peoples-network/?sh=461b10f73166

기 목적으로 판매되는 위험을 사전에 차단하는 것이 목적이다.

플로키 커뮤니티는 위험 분석을 통해 토큰 소각이 프로젝트에 있어 최선의 선택임을 확인하고 이에 대한 제안문을 공지한다. 이후 플로키 DAO를 통해 해당 제안에 대한 의사 결정을 진행한다. 플로키 DAO가 소각 제안에 찬성하는 경우 투표가 통과된 후 일주일 이내에 해당 토큰들이 소각될 예정이다. 반대로 플로키 DAO가 소각에 반대하는 경우 이 토큰들은 미래의 용도를 위해 플로키 재무에 보관된다. 이러한 절차는 플로키 프로젝트의 투명성과 공동체의 참여를 강화하며 동시에 토큰의 가치와 프로젝트의 장기적 안정성을 위한 전략적 결정을 내리는 과정에서 중요한 역할을 한다 <그림 9>.

<그림 9> 2024년 3월의 플로키 소각을 위한 DAO 투표

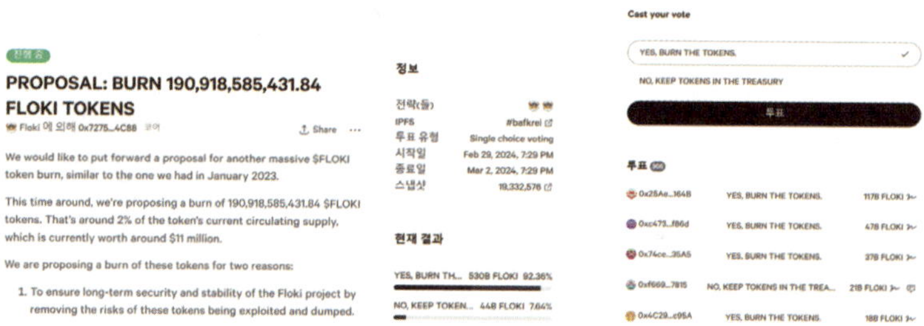

출처: 플로키 이누 공식 이더리움[89]

이 논쟁은 미국 실리콘밸리에서 금융자본과 기술 벤처 간 갈등으로도 드러난다. 안데르센 호로위츠, 'a16z'로 알려진 이 회사는

89 https://snapshot.org/#/floki-inu.eth/proposal/0xec8b0fd54d2be2ae59d8598a719daf91d55cf79247a2dad01b4806915dca7002

디지털 분야에서 유망한 기업들에 조기 투자하여 수익을 극대화하는 전략으로 유명하다.[90] 'a16z'의 공동 설립자 마크 안데르센(Marc Andreessen)과 트위터(Twitter) 창립자 잭 도르시(Jack Dorsey) 사이에 설전이 있었다. 도르시는 웹3가 탈중앙화된 민주주의를 구현하는 것처럼 보이지만 실제로는 사용자나 개발자가 아닌 투자회사들이 이익을 취한다고 주장했다. 이러한 주장은 웹3와 관련된 이익 분배 및 의미 공유에 대한 중요한 질문을 제기한다.

"기술 진보가 실제로 더 평등한 사회를 구현하는 데 기여하는가, 아니면 새로운 형태의 중앙 집중화를 초래하는가?"

읽을거리: 부테릭이 말하는 메리토/플루토크라시

한편 웹3 기술의 핵심인 이더리움 창시자 비탈릭 부테릭(Vitalik Buterin)은 캐나다에서 행복했던 어린 시절을 자신의 홈페이지에서 회상한다. 그의 삶에 중대한 변화가 찾아온 것은 2010년경 월드 오브 워크래프트(World of Warcraft)라는 게임을 개발한 회사인 블리자드 엔터테인먼트(Blizzard Entertainment)가 사용자의 동의 없이 게임 내의 마법사 캐릭터와 같은 중요한 콘텐츠를 갑작스럽게 변경했을 때였다. 이 사건은 부테릭에게 큰 실망감을 안겨 주었고 그 결과 그는 중앙 집중화된 시스템에 대한 신뢰를 잃었다. 이러한 경험은 그가 비트코인에 관심을 가지게 되는 계기가 되었다. 비트코인은 중앙 집

90 페이스북(Facebook), 에어비앤비(Airbnb), 인스타그램(Instagram), 코인베이스(Coinbase), 깃허브(GitHub), 스카이프(Skype), 클럽하우스(Clubhouse), 로블럭스(Roblox)와 같이 널리 알려진 서비스에 투자함으로써 그들의 성공 명단을 꾸렸음.

중적인 관리 없이도 자율적으로 운영될 수 있는 시스템이라는 점에서 부테릭의 주목을 받았다.

부테릭은 비트코인과 유사한 탈중앙화된 알고리즘을 활용하여 고등학교 프로그래밍 대회에서 심사위원들을 놀라게 했다. 이러한 경험은 그가 기술에 대한 더 깊은 이해와 관심을 갖게 만들었고 이는 나중에 그가 대학에서 학업을 중단하고 비트코인 연구에 전념하기로 하는 주요 요인 중 하나가 되었다. 2012년 그는 캐나다 워털루 대학교에 입학했지만 비트코인을 더 깊이 탐구하기 위해 결국 학업을 중단했다.

비트코인에 대한 부테릭의 깊은 관심과 연구는 결국 그가 2014년에 이더리움을 개발하는 기반이 되었다. 이더리움은 비트코인과 유사하게 탈중앙화된 플랫폼이지만 스마트 계약과 같은 더 복잡한 기능들을 통해 사용자들에게 더 넓은 범위의 응용 프로그램을 제공하는 게 목표다. 부테릭의 비전은 이더리움을 통해 중앙 집중화된 시스템의 한계를 극복하고 사용자들이 더 자유롭게 상호작용할 수 있는 새로운 디지털 세계를 창조하는 것이다.

이더리움을 설계한 비탈릭 부테릭은 권위적 집중주의와 자유로운 분산 체제를 각각 '불도저'(bulldozer)와 '베토크라시'(vetocracy)로 비유했다.[91] 불도저는 중요하고 의미 있는 행위를 참여자들의 동의 없이도 수행할 수 있지만 잠재적으로 위험하고 파괴적일 수 있다. 반면 베토크라시는 파괴적이고 논란이 되는 사안에 대해 다양한 참여자의 승인을 요구하는 체제다. 부테릭은 자신의 블로그에서 이러

---

91 https://vitalik.ca/general/2021/12/19/bullveto.html

한 두 가지 접근 방식을 흑백 논리로만 구분했던 과거 자신의 시각이 단순했다고 말하며 두 방식의 유기적 조합이 필요하다고 강조한다. 그는 블록체인의 기본 계층에는 베토크라시가, 애플리케이션 계층에서는 불도저가 가능한 거버넌스 공간을 마련해야 한다고 강조한다.

이더리움의 '불도저'와 '베토크라시'의 아이디어에서 보듯 블록체인은 기술적, 운영적, 경제적 요인이 얽혀 있어 복잡하며 인터넷의 위계적 구조와 대비된다. 웹3를 단순히 중복된 렛저와 가상자산으로만 구성된 것으로 보는 것은 너무 단순한 생각이다. 예를 들어 웹3에서 데이터는 중복된 렛저를 통해 여러 노드에 걸쳐 저장되며 이는 단일 정부나 조직의 정보 접근 및 검열을 어렵게 만든다. 퍼미션리스(permissionless) 웹3 기술은 자유롭고 개방적인 의사소통을 촉진하며 표현의 자유를 강화한다. 웹3는 사용자가 중앙 집중화된 플랫폼에 의존하지 않고 분산된 애플리케이션(DApp)을 이용할 수 있게 하여 사용자 데이터의 통제권을 사용자에게 돌려주고 검열 가능성을 줄인다. 웹3의 자율적 경제 모델은 데이터와 정보의 독점 및 검열을 더욱 어렵게 만들며 누구나 권한 없이도 네트워크에 참여하고 정보를 공유할 수 있어 맥락적 순결성(contextual integrity)이 향상된다.

<그림 10>에서 보듯 부테릭은 엘리자베스 고이틴(Elizabeth Goitein)의 트윗에 응답하며 웹3 기술의 핵심인 크립토(crypto)가 단순한 토큰 거래를 넘어 자유와 사생활을 보호하며 일반인에게 권력을 돌려주는 보다 광범위한 윤리적 틀의 일부라고 강조한다. 이러한 가치는 전 세계적으로 계속해서 위협받고 있는데, 이는 매우 심각한 상황이다. 엘리자베스 고이틴은 브레넌센터에서 자유 및 국가안보

프로그램(Liberty and National Security Program at the Brennan Center for Justice)의 공동 책임자로 활동하고 있다. 그녀의 트윗은 미국 상원 의원들이 행정부와 의회 내 감시 지지자들의 공포 조장, 부실한 전술에 굴복하여 시민권을 저버렸다는 내용을 담고 있다.

<그림 10> 2024년 4월에 부테릭이 올린 트윗

You reposted
vitalik.eth @VitalikButerin · Apr 21
This is bad.

Crypto is not just about trading tokens, it's part of a broader ethos of protecting freedom and privacy and keeping power in the hands of the little guy.

And these values unfortunately continue to be under attack, globally.

Elizabeth Goitein @LizaGoitein · Apr 20
It's over (for now). A majority of senators caved to the fearmongering and bush league tactics of the administration and surveillance hawks in Congress, and they sold out Americans' civil liberties. Section 702 has been reauthorized, not just without any meaningful reforms... 1/10

1.2K 3K 13K 1.5M

출처: 부테릭 X(트위터)[92]

웹3 모델은 투명성과 참여도를 높이며 네트워크의 안정성과 지속 가능성을 강화한다. 특히 웹3는 사용자가 자신의 디지털 신원(identity)을 분산적으로 관리하고 제어할 수 있는 방법을 제공한다. 사용자는 자신의 신원정보를 중앙 집중식 인터넷 서버가 아닌 자신의 기기 또는 분산 네트워크에 저장하여 개인정보가 노출되거나 남

92 https://twitter.com/VitalikButerin/status/1781712882645795202

용되는 것을 피할 수 있다. 궁극적으로 웹3 거버넌스는 이해관계자 간 협력과 의사소통이 중요하며 제대로 실행되면 네트워크에 대한 광범위한 지지와 참여를 이끌어내 장기적인 성공을 달성할 수 있다. 블록체인 기술의 지속적 발전과 함께 거버넌스 모델도 계속 진화해야 하며 이를 위해 지속적인 연구와 실험이 필요하다. 이 과정을 통해 블록체인의 미래에 대해 더 깊이 이해하고 강력한 기술을 발전시킬 수 있다.

이더리움의 창시자 비탈릭 부테릭의 경험처럼 개인이나 조직의 온라인 활동이 플랫폼 소유주나 알고리즘의 재량에 따라 쉽게 제한될 수 있다면 이러한 현상은 온라인 공간의 민주주의를 위협하며 온라인 검열은 이 문제를 더욱 심화한다. 따라서 웹을 다시 탈중앙화하고 웹3 기술을 통해 다양하고 균형 잡힌 의견을 나눌 수 있는 새로운 플랫폼으로의 전환을 모색하는 것이 중요하다. 이는 빅테크 기업들의 이익 추구 행태로부터 독립적인 정보 교환과 의사소통의 장을 마련할 수 있는 기회를 제공할 것이다.

생각거리: 탈중앙화로 진화를 어떻게 이해하고 접근해야 하는가

1990년대 중반부터 대중이 사용하기 시작한 인터넷은 현재 거의 보급률 80%를 달성했다. 일반적으로 새로운 기술이 대중화되어 일상생활에 통합되기까지는 약 30-40년이 소요된다. 예를 들어 빅데이터 기술은 초기 단계를 벗어났지만 아직도 이 기술과 관련 산업을 하나의 명확한 개념으로 정의하기는 어렵다. 이와 같이 웹3 기술 역시 아직 '이매지니어링'(imagineering) 과정을 거치고 있다. 이매지니어링이란 '상상하기'(imagine)와 '공학'(engineer)을 결합한 말로 창의적인 아이디어를 기술적인 해결책으로 전환하는 과정을 의미한다. 이 과정을 통해 웹3 기술은 점차 구체화되고 있으며 향후 사회에 미치는 영향력도 점점 명확해질 것이다.

앞서 언급된 논의를 종합해 보면 웹3는 블록체인, 분산 렛저 기술, 스마트 계약 등을 기반으로 하는 새로운 인터넷 패러다임이다. 이 기술들은 데이터를 중앙 집중식 서버가 아닌 분산된 네트워크에서 저장하고 처리함으로써 사용자에게 데이터의 소유권과 통제권을 강화한다. 또한 탈중앙화된 물리적 인프라 디핀은 중앙 집중식 제어나 소유 없이 네트워크 참여자들이 자신의 온라인 및 오프라인 컴퓨팅 자원을 제공함으로써 토큰과 같은 보상을 통해 참여를 독려하는 선순환 시스템을 가능하게 한다.[93]

웹3는 향후 다양하게 해석되고 적용될 수 있는 기술로 그 잠재력과 도전 과제 모두 주목받고 있다. 예를 들어 웹3 기술이 개인정보 침해나 가짜 뉴스의 확산 같은 부정적인 영향을 미칠 수 있는 상황에서 공리주의적 관점은 이러한 부작용이 전체적인 행복에 미치는 영향을 고려하여 웹3 기술 도입을 촉진하는 정책을 마련해야 한다고 강조한다. 이는 웹3가 온라인 활동과 전자 상거래를 위한 자기인증 시스템, 그리고 효율적이고 편리한 금융 서비스로 기능함으로써 개인과 사회에 제공할 수 있는 혜택을 최대화하는 데 목적이 있다.

한편 웹3 기술과 공리주의의 연결에 대해 네이트 실버가 최근 저서 『On the Edge: The Art of Risking Everything』[94]에서 지적

---

93 https://www.fameex.com/ko-KR/learning/what-is-depin

94 Nate Silver (2024). On the Edge: The Art of Risking Everything. Penguin Press.

한 것처럼 주의 깊은 접근이 필요하다. 그는 FTX의 Sam Bankman-Fried 사례를 언급하며 가상자산과 NFT 분야에서 활동하는 스타트업과 이에 투자하는 벤처 캐피털리스트의 진취적인 활동을 언급한다. 하지만 그는 웹3 기술 분야에서 벌어진 스캠 코인과 과도한 가격의 NFT 등의 사례를 들며 이 분야가 철학적 공리주의의 원칙, 특히 '효과적인 이타주의'가 최대한 많은 사람에게 최대의 행복을 가져다주었는지에 대해 회의적으로 평가한다.[95]

실버는 이 분야의 기술 혁신이 잠재적으로 큰 이익을 가져올 수 있지만 시장 조작, 투자자 손실, 법적 및 윤리적 문제들을 야기할 수 있는 양날의 검이라고 부드럽지만 엄중하게 경고한다. 그의 분석은 이 기술이 사회에 가져올 수 있는 이익과 위험 사이의 균형을 이해하는 데 중점을 둔다. 따라서 우리는 공리주의 접근 방식이 지닌 잠재적 위험에 대해 무조건적인 낙관론을 경계해야 한다.

참여 민주주의적 관점에서 볼 때 웹3는 빅테크 기업의 데이터와 이익 독점을 극복하고 사용자들에게 더 자유로운 시장 접근과 개방성을 제공한다. 이를 통해 정보 접근성이 향상되고 교육 기회가 확장되며 커뮤니케이션 촉진이 이루어짐으로써 사회적 혜택이 증대된다. 이렇게 웹3 기술은 다양한 관점에서 그 이점을 제공하며 이를 통해 전체적인 사회 발전을 도모할 수 있는 잠재력을 지닌다. 반면 개인정보보호법의 강화나 가짜 뉴스에 대한 검증 프로세스의 도입은 인터넷을 통해 발생할 수 있는 피해를 줄일 수 있으나 전체적인 표

---

95 https://www.theguardian.com/books/article/2024/aug/07/on-the-edge-by-nate-silver-review-the-art-of-risk-taking

현의 자유을 축소하려는 조치로 볼 수 있다.

거버넌스 측면에서는 웹3 기술은 투명하고 변경할 수 없는 기록 보관 방식을 통해 중앙 집중식 권력의 필요성을 줄이며 네트워크 참여자 간 신뢰 구축을 추구한다. 성과주의 기반인 PoW 방식 블록체인은 중앙 집중화된 권력 및 경제 독점을 깨고 기술 민주주의의 새로운 형태를 제시한다. PoS 방식은 일반 인터넷 사용자 집단에 빅테크 기업의 독점에서 독립할 수 있는 DAO를 제공한다. 하지만 고도의 능력과 자본이 많은 소수가 채굴과 토큰 보상을 독점하고 웹3 프로젝트 방향에 결정력을 미칠 수 있는 약점이 있다.

결론적으로 웹3 기술은 능력과 기여를 기반으로 한 보상 체계를 통해 메리토크라시를 현대적으로 구현하며 디지털 경제와 사회에 새로운 가능성을 열어준다. 웹3 기술은 여전히 초기 단계에 있어 그 개념을 확정적으로 정의하기 어렵다. 이는 마치 아기의 얼굴이 성장하며 유년기와 청소년기를 지나 성인이 될 때까지 계속 변화하는 것과 유사하다. 그러나 이 기술의 복잡성과 초기 자본 필요성은 기술적 장벽을 만들고 이는 특정 집단에 유리한 환경을 조성해 플루토크라시적 요소를 강화할 수 있음을 잊어서는 안 된다. 따라서 이 기술이 사회 전체에 미치는 잠재적 이익과 비용을 종합적으로 평가하는 것은 중요하다. 이 과정에서의 목표는 웹3 기술을 통해 가능한 많은 사람에게 최대의 행복을 제공할 수 있는 방향으로 정책을 설정하는 것이다.

웹3는 단순히 특정 가상자산이나 블록체인 프로젝트를 넘어서 사회적 공공선으로 기능할 수 있어야 하며 네트워크 참여자로부터 정당성을 확보하는 사회적 계약 체제를 만들어야 한다. 이를 통해 공동체 내 자원 분배의 합리성을 담보하는 더 공정하고 투명한 방식으로 사회적 지위와 보상의 배분 가능성을 탐색해야 한다. 이를 위해 정책 입안자와 기술 개발자는 웹3의 잠재적인 부정적인 영향을 신중히 고려하고 개인의 프라이버시 보호, 데이터 보안, 그리고 접근성 향상과 같은 측면에서 이득을 극대화할 수 있는 방안을 마련해야 한다. 이 기술을 통해 투명성과 효율성이 증진될 수 있는 산업과 분야를 식별하고 그에 맞는 지원과 규제를 설계하는 것도 필요하다. 이 같은 노력을 통해 웹3 기술은 사회 전반에 긍정적인 변화를 가져올 수 있을 것이다.

2부 | 가상자산 등장이 낳은 논점

4장 | 가상자산, 비트코인과 이더리움

신기술이 낳은 사회적 혼란과 대립

독점으로부터 자유로운 세상을 위하여

사례 분석: 탈중앙화의 딜레마 사례

5장 | NFT 등장과 소버린 체인

NFT에 대한 이해와 기능 및 역할

NFT 및 PFP와 문화적 국가주의

사례 분석: 스포츠의 초개인화와 팬토큰 거버넌스

신기술이 낳은 사회적 혼란과 대립

기술결정론과 사회구성론[96]

비트코인과 이더리움 등이 추락할 때마다 듣는 단골 뉴스가 있다. 가상자산과 가상자산은 튤립 버블이거나 폰지 사기와 비슷한 것이다. 이런 시기엔 코인과 토큰으로 수익을 꽤 올린 사람들조차 유행이 지나버린 투자 상품으로 폄하한다. 그런데 시장 상황이 반전하면 언론은 갑자기 코인, NFT, 메타버스 등을 최고의 기술혁신이자 안전자산이며 문화콘텐츠라는 식으로 보도한다.

기술을 바라보는 두 가지 관점이 있다. 기술결정론과 사회구성

96 이 꼭지는 박한우의 '퓨전세대' 코너에 게재한 내용임. https://www.speaks.kr/news/articleView.html?idxno=366

론이다. 기술결정론의 핵심 사항을 보자. 첫째, 기술 발전은 사회 밖에서 일어난다. 둘째, 사회적, 경제적, 정치적 세력으로부터 독립하여 기술적 변화가 사회적 변동을 결정한다. 반면 사회구성론의 논지는 기술결정론과 대비된다. 첫째, 기술의 개발과 도입과 이용 등 모든 방식은 가치 의존적이다. 둘째, 기술은 사회변화의 독립변수가 아니다.

기술결정론 관점에서 보면 이 기술은 실험실에서 작업한 나 홀로 연구자의 독자적 생산물이다. 그리고 이 기술을 매개로 작동하는 가상자산이 시장에 변동성을 증가시키며 사회적 혼란을 야기한다. 하지만 또 다른 한편으로 메타버스와 NFT 등이 디지털자산 트렌드에 가세하면서 디지털 트윈이라는 새로운 신세계와 화려한 예술창작품을 낳는다. 이와 같이 기술결정론은 우리에게 익숙한 스토리와 프레임을 낳는다.

물론 크립토 토큰이 신기술에 근거해 새롭게 탄생한 가상자산이자 디지털 서비스임을 부인할 수 없다. 그렇지만 한 발만 더 들어가면 비트코인의 출현 배경을 사회적 요인 없이 설명할 수 없다. 개발자는 중앙으로 집중된 네트워크의 부작용과 폐해를 해결하고자 했다. 소수가 독점하는 사회체제를 다수의 개인이 참여하면서도 원활히 작동하는 네트워크형으로 구축하고자 했다. 이 과정에서 비트코인이 탈중앙화 네트워크를 작동하게 하는 비용이자 보상임을 이해해야 한다.

비트코인으로 작동하는 탈중앙화 분산적 네트워크는 2008년에 세상에 나타났다. 그 당시에 나온 제품과 서비스는 시대적 분위기를 잘 말해 준다. 2004년 페이스북, 2005년 유튜브, 2006년 트위터,

2007년 아이폰 등이다. 모두 개인화된 미디어와 콘텐츠를 지원하는 기술이다. 특히 아이폰은 스마트폰 세상을 열었다. 아이폰은 손에 들고 다니는 전화기 시대를 획기적으로 변하게 했다. TV와 컴퓨터와 카메라 등 무엇이든지 누구나 휴대전화로 이용할 수 있게 되었다.

이 세상의 모든 것을 개인화하는 사회적 수요가 열린 것이다. 신기술이 사회변화의 독립변인이 아니라 사회적 가치와 사람들의 의식이 신기술의 발명을 오히려 촉발한 것이다. 때마침 OWS(Occupy Wall Street, 월가를 점거하라) 시위가 뉴욕의 금융 중심가에서 터졌다. 2011년의 OWS는 기존 금융기관에 분노한 사람들이 탈중앙화를 향해 목소리를 높인 세계적 사건이었다.

2012년 코인베이스는 이런 흐름에 발 빠르게 대응했다. 어려운 기술적 메커니즘을 모르더라도 누구나 비트코인을 쉽게 구매할 수 있는 가상자산 거래소를 시작했다. 국가의 통제 아래 있던 화폐를 개인적으로 발행하고 유통할 수 있는 길을 닦은 것이다. 10여 년이 지난 지금 코인베인스는 2021년 4월 미국 나스닥에 상장된 최초의 가상자산 거래소가 되었다. 코인베이스에 이어서 2013년 한국에서 코빗이 2017년 홍콩에서 바이낸스가 설립되었다.

코인 거래소가 기대 이상의 수익을 거두며 규모가 커지자 전통적 기관들이 2020년 전후로 개인화 금융의 메가트렌드를 놓친 점을 알게 되었다. 이때부터 디지털자산 분야는 파괴적 혁신을 일찍부터 선도한 디지털커런시그룹(Digital Currency Group) 등과 주식 등 레거시 상품에 주력한 금융 투자사 집단과의 대립 구도를 형성하게 된다. 가상자산 시장을 아수라장으로 만든 루나(LUNA)와 테라(Terra)발 스테이블 코인 사건도 신구 세력 간 힘겨루기에서 발생한 것이라는 의

혹도 무성하다. 가상자산 시장에 늦게 들어온 구세력이 투자 포트폴리오 구축을 위해 생태계를 공격했다는 설이다.

가상자산을 순수한 기술공급의 결과물로 간주할지, 사회적 수요 측면에 초점을 맞춘 중장기 전망에서 나온 가치 의존물인지 엄격한 구분은 어렵다. 그렇지만 비트코인이 탄생한 2008년 당시 시대를 관통하는 흐름과 현재까지 변화상을 보면 신기술의 발달과 그것을 사용하는 요인은 사람들의 가치와 이익에서 자유로울 수 없다.

오늘이 내일의 과거이므로 과거부터 현재까지 변화상이 미래에도 연결된다. 기술의 현황과 쇠퇴, 새로운 기술의 등장과 전망 등을 진공관 속의 노력이나 책상 위의 예측으로 모두 알 수 없다. 현명한 사람이라면 사회문제의 발굴, 정의, 대응, 해결 과정에서 사회적 가치의 중요성을 발견하고 신기술과의 연결 고리를 찾아야 한다 <표 6>.

<표 6> 스테이블 코인의 개념 정의와 유형

항목	설명
정의	스테이블 코인은 가격 안정성을 내재한 디지털자산으로 법정 화폐와 가상자산 사이의 다리를 놓는 역할.
작동 원리	시장의 변동성에 대응하기 위해 가격 안정성이 자산 자체에 내재되어 있는 새로운 가상자산 유형.
분류	스테이블 코인은 네 가지 기본 유형으로 분류됨: 법정 화폐 담보형, 가상자산 담보형, 상품 담보형, 알고리즘형.
법정화폐 담보	중앙 발행자나 금융기관이 법정 화폐를 담보로 하여 1:1 비율로 발행. 예: Tether(USDT), Gemini Dollar(GUSD), USDC(USDC), True USD(TUSD), Paxos Standard(PAX).
가상자산 담보	다른 가상자산을 담보로 하여 스마트 계약을 통해 발행. 예: DAI(ETH를 담보로 200% 과담보).

알고리즘형	법정 화폐나 가상자산을 담보로 사용하지 않고 알고리즘과 스마트 계약을 통해 발행량을 조절하여 가격을 안정화.
상품담보형	금, 석유, 부동산 등 실물 자산을 담보로 하여 발행. 예: Tether Gold(XAUT), Paxos Gold(PAXG).
장점	가격 변동성을 최소화하여 거래 매개체 및 가치 저장 수단으로 사용 가능.
응용 분야	전통 금융시장과 탈중앙화 금융(DeFi) 산업의 통합에 기여, 대출 및 신용 시장에서 법정 화폐의 유용성 계승.

출처: 미국 가상자산 거래소 제미나이[97]에 나온 내용을 저자가 한국어 표로 재정리.

새롭게 등장한 계층 간, 토큰 간 갈등

하지만 웹3 기술은 본질적으로 가상자산, 즉 코인과 토큰의 금전적 가치와 연결되어 있기에 개발자, 채굴업자, 검증자, 투자자 커뮤니티 내부의 서로 다른 참여 동기와 문화적 다양성 및 정치적 합의는 여러 갈등 요소를 내포하고 있다.

2017년 말 한국에서 가상자산 열풍이 시작될 때, 리플(XRP)은 주목받는 디지털 토큰이었다. 당시 리플은 업비트 거래소에서 비트코인 다음으로 거래량 2위를 차지했으며 일본에서도 비트코인 다음으로 인기 있는 토큰으로 자리 잡았다. 영국 가디언지는 리플이 2018년에 비트코인을 제치고 가장 주목받을 가상자산이 될 것이라고 예상하기도 했다. 리플의 주요 장점 중 하나는 블록체인 기반의

97 https://www.gemini.com/cryptopedia/what-are-stablecoins-how-do-they-work

보안과 저렴한 결제 서비스를 제공한다는 점이다. 리플넷을 통한 글로벌 송금은 비트코인이나 이더리움보다 훨씬 빠른 결제 시간을 자랑하며 이는 현재 국제 결제 시스템인 스위프트(SWIFT)를 대체할 새로운 대안으로 각광받고 있다.

한국에서 리플 열풍을 주도한 주체들은 네이버 검색 트렌드 빅데이터 분석을 통해 2040세대와 샐러리맨이었다고 확인할 수 있다.[98] 이 연령대의 검색 활동은 가상자산에 대한 높은 관심을 반영하며 이는 곧 행동으로 이어진다. 2022년 금융위원회의 가상자산 사업자 실태조사 결과 한국에서 60대 이상 가상자산 이용자는 전체의 5%에 불과한 반면 20대는 21%, 30대는 30%, 40대는 28% 그리고 50대는 16%를 차지해 젊은 세대가 가상자산 시장에서 큰 비중을 차지하고 있음을 보여 준다.

2040세대가 가상자산 투자를 시작한 이유는 단순히 '한탕주의'라기보다는 취업과 결혼 포기, 직장의 과도한 요구, 그리고 고용 불안 등의 문제로 인한 것이다. 이러한 배경 속에서 가상자산은 이들에게 새로운 인생의 기회를 제공하는 투자 수단이 되었다. 부모 세대의 부동산 대박과 비교되는 '보상 심리'도 이러한 투자 결정에 영향을 미쳤다.

세대 간 부의 불평등 문제는 가상자산 거래의 주된 동기 중 하나며 젊은 층과 고학력자가 가상자산을 많이 소유하고 있다는 사실은 디지털 토큰에 대한 이해도와 가상자산의 채택 및 투자 사이에 긍정적 상관 관계가 있음을 시사한다. 이러한 사회적 격차를 해소하기 위해 정부와 공공기관은 시니어 계층의 웹3 기술 리터러시를 증

98 https://www.imaeil.com/page/view/2018011000544949116

진하는 노력이 필요하다. 부동산과 주식처럼 가상자산의 가치를 제대로 평가하고 조사할 수 있는 정책을 마련할 필요도 있다. 이는 가상자산 투자에 따른 피해를 예방하고 거래소가 이용자 보호에 더욱 관심을 기울일 수 있게 할 것이다. 코인 채굴과 관리회사의 악성 마케팅에 대한 노출도 줄이고 디지털자산의 보급과 부작용에 대한 철저한 분석과 조사를 서둘러야 한다.

그림처럼 레이어1 메인넷 경쟁이 심화하면서 트론 커뮤니티는 솔라나 체인을 조롱하는 이미지와 포스팅을 공유하며 크립토 산업 내에서 퍼드(FUD)[99]의 확산에 기여하고 있다. FUD(Fear, Uncertainty, Doubt)는 '공포, 불확실성, 의심'을 뜻하는 용어다. FUD가 나타나면 투자자들 사이에 실체 없는 두려움, 불안감, 우려가 퍼지면서 가상자산 시장에서 사람들이 서둘러 매도하고 가격이 하락하는 현상이 발생한다.

이러한 트론 공격에 대한 반박으로 솔라나 지지자들은 권도형이 만든 루나(LUNA)처럼 트론이 폭락할 것이라고 주장했다. 한 트위터 이용자(SAMI AG)는 권도형이 다른 블록체인 프로젝트를 조롱하다가 벌을 받았다고 언급하며 다른 토큰을 조롱하거나 풍자하는 행위를 중지하고 각자 자신의 토큰 성공에 집중하자는 입장을 표명했다 <그림 11>.

---

99 특정 상황이나 제품, 기술에 대해 부정적인 인식이나 의구심을 조성하여 사람들의 의사 결정을 흔들거나 특정 행동을 유도하기 위해 사용되는 전략임. 주로 경쟁사의 제품을 비방하거나 시장에서 불리한 위치에 있는 기업이 사용하기도 하며 정보의 왜곡이나 과장을 통해 대상에 대한 부정적인 감정을 확산하는 것이 특징임.

<그림 11> 솔라나 오작동을 풍자하는 트론(TRON) 커뮤니티

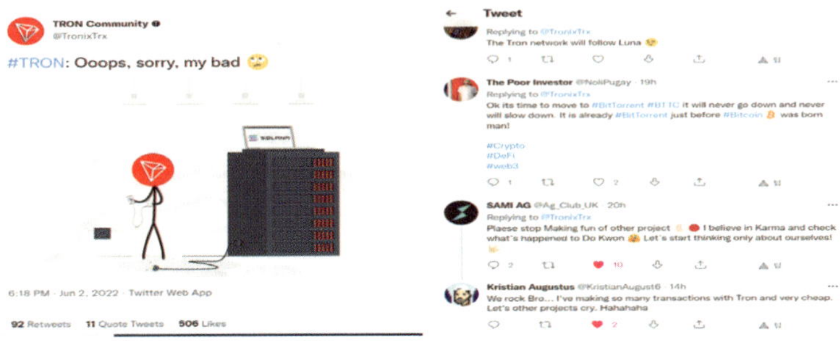

출처: X(트위터) 트론 커뮤니티[100]

이런 감정적 행위는 투자 호황기보다 투자 심리가 약해진 시기에 더 자주 발생한다. 왜냐하면 이러한 조롱과 풍자는 단순히 상대방에 대한 사실적 혹은 허위적 판단을 넘어 우리 자신 속의 어리석음을 드러내는 것일 수 있기 때문이다.[101] 그럼에도 놀이 공중(playful publics)으로 태어난 디지털 네이티브 세대가 보여 주는 조롱과 풍자는 허구와 진실, 놀이와 비판의 경계가 불분명하여 단순한 윤리적 해석으로는 단정 지을 수 없다.

디지털 공간에서 긍정적 또는 부정적 감정을 수반하는 이러한 현상의 이면에 존재하는 혼합적 긴장은 웹3 기술이 민주주의에 미치는 잠재적 위험과 이점을 밝히는 데 중요한 역할을 한다. 이러한 사례를 통해 우리는 디지털 네이티브 세대의 행동을 더 깊이 이해하고 이를 통해 웹3 기술의 사회적 영향을 보다 명확히 파악할 수 있을 것

---

100 https://twitter.com/TronixTrx/status/1532290424395669504

101 Phiddian, R. (2019). Satire and the Public Emotions. Cambridge: Cambridge University Press.

이다. 이는 디지털 공간에서 정치적 참여와 민주주의가 감정에 부분적으로 의존했던 것과 비슷하기 때문이다.[102]

웹3 기술과 민주주의에서 사람들은 탈중앙화라는 공동의 목표 아래 모이지만 이 목표를 달성하기 위한 합의를 도출하는 과정에서 경제적 요인 때문에 갈등이 발생한다. 이러한 현상은 탈중앙화 기술과 경제 모델의 상호작용을 이해하는 데 중요한 통찰을 제공한다. 이를 통해 각 커뮤니티가 어떻게 서로의 기술적, 경제적 이익을 보호하려는지, 그리고 이 과정에서 발생하는 갈등과 감정의 역동성을 더 잘 이해할 수 있다.

한국에서 나타난 김치 프리미엄

비트코인은 2008년에 탄생하면서 정치적 권력과 금융적 자본으로부터 독립된 '디지털 골드'로서 이상을 추구했다. 이 목표는 상당 부분 달성되었으나 글로벌 비트코인 분포를 살펴보면 새로운 경제적 불평등을 발생하고 심화하는 경향이 있는 것으로 보인다. 이는 투자 기회의 접근성과 가격의 큰 변동성에서 발생하는 불균형 때문일 수 있다.

투자 접근성 측면에서 흥미로운 현상은 국가별로 서로 다른 가격이 나타나는 것이다. 예를 들어 2024년 3월 비트코인을 비롯한 주요 디지털자산의 급격한 가치 상승이 스웨덴 크로나, 호주 달러, 캐나다 달러, 영국 파운드, 러시아 루블, 노르웨이 크로나 및 중국 위안 등 여러 통화에서 프리미엄 가격 현상을 일으켰다. 당시 한국에

---

102 Papacharissi, Z. (2021). After Democracy: Imagining Our Political Future. New Havens: Yale University Press.

서는 비트코인의 원화 가격이 해외 다른 거래소의 가치와 비교할 때 상당한 프리미엄을 형성하며 지난 2년간 새로운 최고 수준으로 상승했다.[103] 한국에서 가장 큰 거래소인 업비트에서는 3월 5일 비트코인 가격이 잠시 9,690만 원에 거래되었는데 이는 미화로 환산하면 7만 2,820달러에 해당한다. 이는 새로운 고점인 ATH(all time high)를 기록한 것으로 이러한 현상을 '김프'라고 부른다. 김프는 '김치 프리미엄'의 줄임말로 해외와 비교해 한국의 가상화폐 가격이 현저히 높은 상태를 풍자하는 용어다.

김프는 2016년 처음 관찰된 이후 비트코인 상승세가 지속될 때마다 한국의 거래소에서 주기적으로 나타났으며 2017년 12월에는 거의 50%에 달하는 김프를 경험하기도 했다. 김프 현상의 원인은 복합적이다. 예를 들어 미국 달러가 여전히 상대적으로 강세를 유지하면서 미화 이외의 통화로 새로운 최고점을 기록한 결과다. 다시 말해서 한국 원화 가치가 비트코인에 비해 상대적으로 낮아 미국 달러에 비해 더 빠른 가격 상승을 보이는 경우가 있다. 하지만 김프 현상은 금융 후진국에서 자본의 자유로운 흐름을 통제함으로써 나타나는 일종의 병목 현상이라고 분석하는 입장도 설득력 있다.[104] 비록 한국의 금융 규제가 과거 권위주의 정권 시대에 비해 완화되었지만 선진국에 비해 국경을 넘는 거래에 대한 외환 자본의 흐름이 여전히 제한적이다. 이와 유사하게 중국, 베트남, 튀르키예, 아르헨티나와

---

103 https://finance.yahoo.com/news/kimchi-premium-surges-btc-hits-075010611.html

104 코빗 (2024). 재조명되는 김치 프리미엄 현상에 담긴 중요한 시사점, Korbit 뉴스레터, 268호.

같이 자본 통제가 있는 다른 국가들에서도 비트코인이 프리미엄에 거래되는 현상이 관찰된다.

한국에서는 때때로 김치 프리미엄이 '햄버거 프리미엄'으로 전환되는 현상도 나타난다. 이는 한국의 거래소 거래대금이 감소하면서 한국의 디지털자산 가격이 미국보다 낮아지는 역프리미엄 현상을 의미한다. 2018년 1월 박상기 법무부장관의 강력한 규제 발언이 투자자들을 위축하게 한 것이 이러한 변동의 한 예시다. 이 발언은 정부 정책의 변화와 불확실성 회피 차원에서 사람들의 현재와 미래에 대한 인식에 큰 영향을 미쳤다. 이러한 사회적 변화에 대한 의심은 증가하고 이는 디지털자산 시장에서의 가격 변동성을 촉발하는 결과를 낳는다. 이와 같은 사례는 정부의 정책 변화가 디지털자산 시장에 미치는 영향력을 강조한다.

독점으로부터 자유로운 세상을 위하여

디지털 자유주의: 월가를 점령하라

정치철학에서 자유주의와 민주주의는 각각 다른 역사적 기원과 이념적 지향점을 가지고 있다.[105] 자유주의는 중세 봉건체제와 절대왕정에 대항해 태동한 근대 유럽의 해방 운동으로 신흥 유산계급인 부

105 다음 내용은 필자가 토론자로 참여한 윤상현 의원실 주최 보수혁명 세미나에서 윤평중 교수가 발표한 내용인 '한국적 보수혁명의 길을 찾아서'를 바탕으로 작성되었음. 조금 더 상세한 내용은 그의 저술을 참고 바람. https://www.fnewstv.com/news/newsview.php?ncode=1065584782506517

르주아의 이해관계를 반영해 시민권과 사유재산권의 불가침성을 주요 원칙으로 삼았다. 이에 반해 민주주의는 고대 그리스에서 시작되어 민중의 자기 지배를 목표로 삼았으며 계급 체제에 반대하는 혁신적이고 파괴적인 성격을 지녔다.

근대로 접어들며 자유주의는 주류 시민계급의 부상과 함께 보수화되어 현상 유지의 논리를 취하게 되었다. 이 과정에서 부의 양극화와 무산계급의 등장으로 자유의 이념은 점차 퇴색했다. 선거권 확장과 함께 진행된 민주주의의 발전은 자유주의와의 갈등을 불러일으켰는데, 이는 민주주의가 부르주아의 사유재산권에 일정한 제약을 가하게 되었기 때문이다. 따라서 자유민주주의의 역사는 재산권과 시민권, 사적 자율권과 공공적 자율권 사이의 지속적인 긴장 관계로 해석된다.

그럼에도 불구하고 초기에는 근대 민주주의를 위협적으로 여겼던 자유주의자들이 자유주의 내의 모순을 해결하고 체제 안정성을 확보하기 위해 민주주의와 자유주의를 통합했다. 이러한 통합은 자유민주주의의 탄생을 가져왔다. 이 과정을 통해 현대 정치 체제의 근간이 마련되었으며 이는 오늘날까지도 계속되는 논쟁의 중심에 있다.

이러한 논쟁은 웹3 기술 내외부의 논쟁과 유사한 측면이 많다. 2011년 7월 한 블로그가 2008년 금융위기를 가져온 사회적 시스템에 법적인 결과의 부족, 민주주의에 대한 기업의 악한 영향력 증가에 항의하기 위해 미국 뉴욕시 월스트리트 금융가에 위치한 주코티 파크에서 평화적인 점령을 제안했다. 이후 이 시위는 '월가를 점령하라'(OWS, occupy wall street)로 이름 붙여졌고 두 달여간 지속되면서 경제적 불평등, 기업의 탐욕, 정치에서 돈의 영향력에 대항하는 시민

운동으로 발전했다.

사토시 나카모토의 정체가 알려지지 않았기 때문에 비트코인 시스템의 창조 동기에 대해서는 다양한 관점이 존재할 수 있다. 하지만 나카모토가 블록체인을 처음으로 소개한 암호학 메일링 리스트 등 유사한 온라인 소스에서 밝혀진 정보의 흔적을 기반으로 비트코인의 방향을 추론할 수 있다.[106] 여기에서 논의된 대화들을 보면 비트코인 프로토콜의 발전에 기여한 많은 사람들이 자신만의 정치적 이데올로기를 가지고 있었으며 이는 인터넷 프라이버시와 인터넷 무정부주의를 중점으로 하는 사이버펑크 기반 자유주의 운동과 관련 있다.

왕정에 대항하여 자신의 재산을 지키려 했던 유산 계급과 유사하게 비트코인 지지자들은 새로운 금융 기술로 작동하는 비트코인에 대해 열정적이었으며 비트코인을 통해 세상을 변하게 하려는 뜻을 가지고 있었다. 자유를 핵심 가치로 삼는 자유지상주의자들(libertarians)이었던 이들은 비트코인을 통해서 국가 권력과 금융자본에서 재정적 독립을 최대화하고자 했으며 화폐 선택의 자유와 같은 새로운 시민권을 강조하였다.

월가 점령 시위와 함께 비트코인에 대한 관심은 자연스럽게 여러 분야에서 생겨났다. 예를 들어 이더리움의 창시자 부테린은 2012년 5월 첫 번째 '비트코인 매거진'(Bitcoin Magazine) 발행에 참여하며 비트코인 네트워크의 검열 저항성을 세상에 알렸다. 비트코인은 전통적 금융기관의 대안으로 홍보되었고 기존 금융 시스템 아키텍처와 비교하여 개인-개인(P2P) 분산화와 탈중앙화된 거버넌스를 통해

---

106 상세한 내용은 Voshmgir (2024) pp. 119-120 참고.

유지되는 혁신적인 것으로 여겨졌다. 또한 비트코인 극대화론자들(maximalists)은 비트코인이 세계에서 가장 인기 있는 가상자산이며 비트코인이 앞으로 필요한 유일한 금융자산이라고 믿게 되었다.

비트코인의 독점화 및 집중화 현상

화폐는 주로 국가 주권의 틀 내에서 발전해 왔지만 비트코인은 국가의 경계를 넘어 더 넓은 자유주의 커뮤니티에 소속감을 느끼게 하면서 생명력을 유지하고 발전해 왔다. 그런데 여러 채굴업자들의 시장 독과점, 대형 투자자들에 의한 비트코인의 대량 보유, 그리고 ETF와 같은 공식 금융상품의 도입은 국가 권력과 금융자본으로부터의 독립을 지향했던 초기 비트코인의 이상과 서로 충돌하고 있다.

비트코인의 자산 점유율은 탈중앙화가 아닌 집중화로 이동하고 있다.[107] 2023년 6월 말 지니 계수(Gini coefficient)는 0.43이었으나 2024년 6월 말에는 0.45로 증가했다. 나카모토 계수도 2023년 6월 말 15만 4,235에서 2024년 1월 말 15만 5,307까지 상승했다. 특히 2024년 1월 초 비트코인 ETF 승인 이후에는 전문 투자기관들이 비트코인을 직접 매수하게 되면서 1,000개 이상 보유한 주소의 수가 1월 말에 큰 폭으로 증가했다. 이러한 변화는 비트코인의 자산 분배가 점점 더 집중화되고 있음을 나타낸다.

지니 계수는 전통적으로 경제학에서 소득 분배의 불평등을 측정하는 척도로 사용되어 왔다. 최근에는 이 계수를 가상자산 분포 평가에도 적용하고 있다. 나카모토 계수는 블록체인 네트워크에서

---

107 코빗 (2024). BTC, ETH의 탈중앙화와 FIT21 법안점검. 코빗 리서치 7.10.자

51% 이상을 제어하기 위해 필요한 최소 참여자 수를 나타내며 이 계수가 높을수록 해당 네트워크의 탈중앙화 수준이 높다고 볼 수 있다. 이는 네트워크가 다수의 참여자에 의해 운영되며 소수의 참여자만으로는 지배하기 어렵다는 것을 의미한다. 나카모토 계수는 탈중앙화 네트워크의 안전성과 건강성을 평가하는 중요한 지표로 활용되고 있다.

한편 비트코인 가격 상승으로 일부 소유자들이 이익을 실현함에 따라 6월 말 나카모토 계수가 15만 627로 하락했다. 그럼에도 불구하고 비트코인 대량 보유자들은 비트코인을 계속 매수하거나 보유하고 있으며 이로 인해 비트코인 ETF 승인 이후 자산 보유의 집중도가 눈에 띄게 높아지고 있다. 전체 비트코인 보유자 분포가 상위 보유자들에게 밀집되고 있음을 볼 때, 비트코인 네트워크가 탈중앙화를 기반으로 작동하더라도, 자산 보유의 분산화 정도가 낮아지는 결과를 초래하는 미스매치 현상이 발생하고 있다. 이러한 현상은 네트워크의 탈중앙화에 영향을 미칠 수 있다.

<그림 12>은 아캄 웹사이트에서 제공된 정보를 바탕으로 미국

<그림 12> 미국 정부가 보유한 비트코인 수

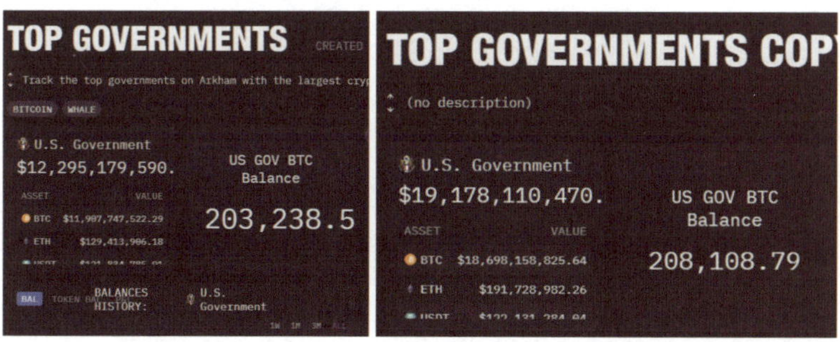

출처: 아캄 웹사이트[108](왼쪽: 2024년 8월 12일 캡처, 오른쪽: 2024년 11월 14일 캡처)

이 세계에서 가장 많은 비트코인을 보유하고 있음을 나타낸다. 미국은 비트코인 20만 3,238개를 보유하고 있으며 영국은 6만 1,245개를 보유하고 있다. 비트코인을 법정 화폐로 채택한 엘살바도르는 비트코인 5,839개를 보유하고 있다.

한편 중국은 비트코인을 약 19만 개 보유하고 있는 것으로 추정된다.[109] 이는 각 국가별로 비트코인 보유량이 상당히 차이가 있음을 보여 주며 특히 마이크로스트래티지(MicroStrategy)와 테슬라(Tesla)와 같은 미국 기업의 비트코인 보유량이 상당히 많은 상태다 <그림 13>.

<그림 13> 기관 및 정부 유형별 비트코인 보유 현황

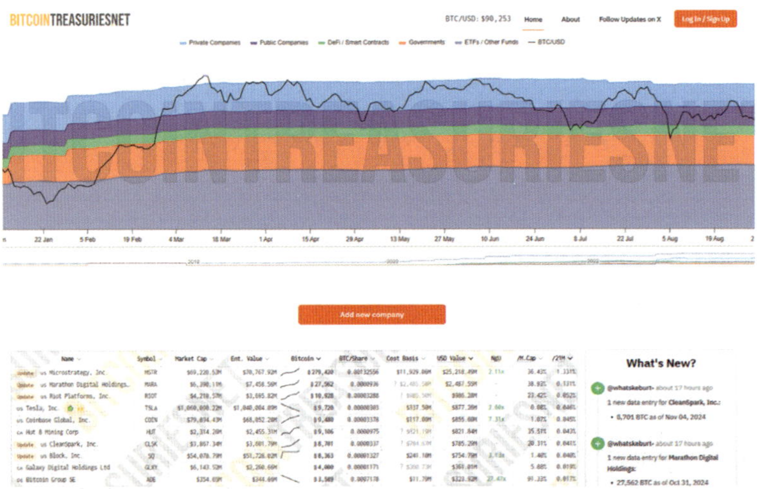

출처: 비트코인트레저리스[110](2024년 11월 14일 캡처)

108 https://platform.arkhamintelligence.com/dashboards/view?dashboardID=47d779bb-3c6f-4dd3-8f8e-1f6602e2f631&editMode=false

109 https://news.bitcoin.com/us-uk-germany-among-countries-with-largest-government-crypto-holdings-arkhams-data-shows

110 https://bitcointreasuries.net

읽을거리: 레딧의 토큰화 시도

잘 알다시피 AI 기업들이 인터넷에서 게시된 정보를 창작자나 운영자의 허락이나 정당한 보상 없이 생성형 언어모델을 학습하는 데 사용하고 있다. 하지만 2024년 2월, 레딧은 6,000만 달러 계약으로 주요 AI 기업에게 콘텐츠를 합법적으로 사용할 수 있는 권리를 제공했다.[111] 레딧은 미국의 주요 소셜미디어 기업 중 하나로 2024년 2월 OpenAI의 CEO인 샘 알트만(Sam Altman)이 회사 지분 8.7%를 확보하며 주요 주주 중 한 명으로 이름을 올렸다는 사실이 큰 주목을 받았다. 이는 AI 기업이 자신들의 고도화된 거대언어 모델을 훈련하게 하기 위한 데이터 확보 목적으로 직접적인 투자와 경영 참여에 나서고 있다는 것을 시사한다.

이번 계약에서 레딧의 웹3 기술 사용 여부는 확실치 않으나 이러한 협력은 콘텐츠와 AI 기업 간 상호 이익을 위한 파트너십으로 웹3에 대한 기대를 높이고 있다. 왜냐하면 2021년 말 레딧은 디지털 토큰을 이용해 사용자가 참여 커뮤니티의 일부를 소유할 수 있는 웹3 진출 계획을 이미 발표했기 때문이다.[112] 이 계획은 사용자가 하위 레딧에서 활동으로 얻는 '커뮤니티 포인트'에 기반하며 이 포인트는

111 https://finance.yahoo.com/news/reddit-signs-ai-content-licensing-222811891.html?guccounter=1&guce_referrer=aHR0cHM6Ly93d3cuZ2xvYmFsaWN0LmtyLw&guce_referrer_sig=AQAAAM3M7rifqoEjRIJAmgteVTcS-dcvRlZxYQKfamyUKuAHbdWjB8V_8yqxtdZLD1epBxm73NrLBS0WN0s22p9PfPA4UANgnuyxkwEDbvbqdxEQMyLTgjEHd9_s98NVKYX_oKxEqbJMmNFUIikvD8jN_CN6WFPK63BxdHCnNIB5HSS-

112 https://slate.com/technology/2021/11/web3-explained-crypto-nfts-bored-apes.html

블록체인상에서 사용자에게 투표권과 같은 영향력을 부여한다. 이 시스템은 사용자의 기여를 공정하게 보상하고 다오(DAO)의 개념을 적용한 사례로 사용자가 커뮤니티 결정에 더 큰 목소리를 가질 수 있게 한다 <표 7>.

<표 7> 레딧 토큰화 및 경제 설계, 그리고 실험 결과

Reddit의 기본 개요	• 웹2 기반 소셜 네트워크 • 사용자 생성 토론 채널 '서브레딧' 기반 • 콘텐츠 제출 및 업보트(upvote), 다운보트(downvote), 댓글 기능 • 2005년 설립, 세계 상위 20위 웹사이트 중 하나 • 2억 명 이상의 사용자 • '카르마 포인트'로 사용자 평판 결정
토큰화 시도	• 2020년 5월: 서브레딧 r/Cryptocurrency와 r/FortNiteBR에서 '문'(MOON)과 '브릭'(BRICK) 토큰 출시 발표 • 레딧 전체(Reddit-wide) 커뮤니티 포인트 시스템을 위한 테스트 케이스 • r/Ethtrader 서브레딧도 토큰화 시스템 참여
자체 토큰 도넛(DONUT) 발표	• 웹2 소셜미디어 중 최초로 명성 및 보상 시스템 토큰화 시도 • 레딧은 중앙화된 서버 인프라에서 관리, 토큰은 분산화된 웹3 인프라에서 발행 및 실행
토큰의 설계 및 기능	• 서브레딧 커뮤니티 내에서 양도 가능, 특별한 투표 권한 제공 • 자체 블록체인 지갑 개발, 기존 모바일 애플리케이션과 통합 • 이더리움 네트워크에서 정산, 나중에 아비트럼 노바(Arbitrum Nova)로 이전
경제 설계	• 문 토큰 획득 방법: 게시물 작성, 댓글 작성, 커뮤니티 투표 참여 • 토큰 양 결정: 업보트 수 • 5,000만 문 토큰이 r/Cryptocurrency 서브레딧에 배포 • 매 사이클마다 새로운 문 토큰 발행, 초기 500만 개, 발행량 매 사이클 2.5% 감소 • 연간 1% 증가 방식 • 다른 서브레딧은 자체 토큰 경제 및 정책 보유

실험의 결과	• 여러 거래소에서 토큰 상장 시작 • 2023년 10월: 레딧, 실험 중단 발표(성공적이지 못함) • 시스템 실패 원인: 명성 토큰의 양도 가능성이 실제 명성과 질 높은 콘텐츠 큐레이션의 신호로서의 목적 무색화 • 문, 브릿, 도넛 토큰 가격 폭락 • r/Ethtrader 서브레딧 구성원들, 레딧의 지원 없이 도넛 토큰 유지 결정

출처: Voshmgir (2024) pp. 195-196.

폭스(Fox)는 디지털에서 콘텐츠 이용 현황을 추적하도록 돕는 블록체인 플랫폼 베리파이(Verify) 프로토콜을 구축했다. 이 인증 시스템을 통해 AI 기업들이 폭스뉴스·폭스스포츠·폭스엔터테인먼트에서 생산된 콘텐츠를 이용하게 되면 추적이 가능하다. 폭스 콘텐츠를 활용하기 위해서는 폭스와 사전에 협의해야 한다. 이렇게 되면 폭스는 자사 캐릭터와 스토리 NFT의 시장 확대에 추진력을 얻을 수 있다.

이 움직임은 웹3 기술에 대한 관심을 넘어서 그 발전과 활용에 깊은 전략적 의미를 지닌다. 콘텐츠 제공자는 미디어 플랫폼과 블록체인을 통해 다양성과 풍부함을 제공할 수 있으며 소셜미디어 기업은 사용자 데이터를 AI 모델 훈련, 특히 언어 처리 모델에 활용하기 위해 AI 기업과 전략적 파트너십을 맺을 수 있다. 이 과정에서 콘텐츠 제공자와 사용자는 단순한 생산자나 소비자를 넘어 데이터 활용 방향을 직접 이끄는 역할로 변화한다. AI 기술과 웹3의 결합은 미디어 기술 발전의 새로운 패러다임을 제시하며 사람들이 자신의 데이터를 어떻게 활용하고 영향력을 민주적으로 행사할 수 있는지에 대한 논의를 확장할 것으로 보인다.

사례 분석: 탈중앙화의 딜레마 사례

메이커DAO

웹3 기술 분야에서는 새로운 금융 질서를 수립하려는 노력이 계속되고 있으며 디파이(DeFi) 토큰이 이러한 혁신의 중심에 있다. 디파이 토큰은 중앙화된 금융 시스템의 독점과 불투명성을 해결하기 위해 등장하였고 사용자들이 은행 같은 전통적인 중개자 없이 대출, 차입, 거래에 참여할 수 있도록 한다. 대표적인 디파이 프로젝트로는 유니스왑(UNI)과 스테이블 코인 다이(DAI)와 결합된 메이커DAO(MKR, Maker DAO)가 있다.[113]

메이커DAO는 탈중앙화 금융(DeFi)에서 가장 큰 프로토콜 중 하나로 토큰 홀더와 탈중앙화 자율 조직(DAO)에 의해 운영된다. MKR 토큰을 보유한 사람들은 의사 결정에 참여하고 제안에 투표할 수 있다. MKR 프로토콜은 처음에 탈중앙화된 대출 및 차입을 위한 계약으로 시작되었으나 이더리움의 가격 변동성 문제로 인해 담보-부채 비율의 위험성이 제기되자 다양한 담보 자산을 추가하며 진화해 왔다.[114]

---

113 테더(USDT)와 유에스디씨(USDC)와 같은 스테이블 코인은 법정 화폐인 미국 달러와 실물 자산인 금 등을 담보로 중앙화된 기관이 크립토 토큰을 발행하는 것인데 반해서 다이(DAI)는 다오(DAO)를 통한 스테이블 코인 발행을 보여 주면서 주목받음.

114 이더리움의 가격 변동성을 줄이기 위해 메이커DAO는 150%의 담보-부채 비율을 설정하여 1:1의 달러(Dollar) 페깅을 유지하고자 했지만 불충분한 이더리움 담보량을 보완하기 위해 여러 조치를 설정했고 베이직어텐션토큰(BAT, Basic Attention Token) 등 다양한 이더리움 호환 토큰이 담보로 허용되었음. 상세한 내용은 Voshmgir (2024)의 pp. 148-151 참고.

그런데 2019년 멀티-담보 다이(Multi-Collateral DAI) 도입과 함께 기존 금융 시스템과 유사한 중앙화된 토큰인 유에스디씨(USDC)를 담보로 사용하기 시작하면서 논란이 발생했다. USDC는 중앙화된 안정화 코인 프로젝트로 초기 디파이의 탈중앙화 목표와 상충 된다. 더욱이 2022년에는 MKR 소유자들이 프랑스 투자은행 소시에테제네랄(Société Générale)과 협력을 승인하여 실물 자산을 담보로 사용하였다. 이는 전통 금융기관이 DAI와 상호 작용하며 대출을 받게 한 중요한 사건이지만 메이커DAO의 탈중앙화 목표에서 벗어나는 방향으로 나아가고 있다는 비판을 받는다.

그리고 2024년 8월 비트코인과 이더리움 상장지수펀드(ETFs) 및 기타 웹3 기술 투자 펀드를 운용하는 전 세계에서 가장 큰 가상자산 관리자 회사인 그레이스케일(Grayscale)은 MKR 토큰에 투자하는 새로운 펀드를 도입했다. 새롭게 도입된 이 펀드가 개인 및 기관의 인증된 투자자에게 제공되며 폐쇄형 펀드로 구조화되어 직접적인 인출은 허용되지 않는다. MKR 프로토콜은 미국 재무부 채권을 포함해 70억 달러 이상의 암호화폐와 실물 자산(RWA)을 관리하며 시장에서 세 번째로 큰 스테이블 코인인 다이를 발행하고 있다. DAI의 발행 규모는 50억 달러에 달한다.[115]

결론적으로 메이커DAO와 DAI의 발전 과정은 초기의 탈중앙화 목표에서 중앙화된 요소를 도입하게 된 변화를 보여 준다. 이는 시민 중심의 디파이의 원래 이상과는 상충하며 디파이 프로젝트가 어떻

115 https://www.coindesk.com/business/2024/08/13/asset-manager-grayscale-introduces-crypto-fund-for-makerdaos-mkr

게 초기 목표에서 벗어나 점차 중앙화되는 경향을 보이고 있는지를 보여 주는 사례로 평가될 수 있다.

스팀잇과 하이브

디파이 프로젝트가 국가 권력과 금융기관의 중앙화된 프로토콜에서 벗어나는 것이었다면 웹3 기반 디지털 서비스와 콘텐츠 구축은 이용자들이 빅테크 플랫폼 기업의 종속으로부터 자유로워지기 위한 노력이었다. 하지만 디지털 자유를 향한 탈중앙화된 웹3 프로젝트 개발 과정에서 DAO를 통한 P2P 거버넌스가 제대로 작동하지 않는 사례가 발생하였다.

웹3 내부의 주도권 경쟁으로 블록체인 네트워크를 장악하는 과정에서 포크된(forked) 애플리케이션으로 이전을 둘러싼 분쟁이 있었다. 새로운 소유주와 이에 대항하는 기존 블로거들이 자신의 게시물을 이동하고 새로운 블록체인에서 관리되도록 하려 나타난 사건이었다.

대표적 사례로 부테릭은 웹3 프로젝트가 여러 방법으로 정당성(legitimacy)을 확보할 수 있지만[116] 사회적 계약 기반 DAO를 통해 크립토 공동체 내부의 자원 분배가 합리적이라고 말했다. 그러나 2020년 2월 트론(Tron) 블록체인의 창시자 저스틴 썬이 불과 20%의 지분으로 당시 주목받던 웹3 기술 기반 소셜미디어 서비스인 스팀잇(Steemit)을 인수한 사례가 발생했다.[117] 스팀 생태계의 커뮤니티 회원

---

116 상세한 내용은 다음을 참고 바람. https://vitalik.ca/general/2021/03/23/legitimacy.html

117 상세한 내용은 Voshmgir (2024) pp. 191-192 참고.

들은 이 인수와 새로운 리더십에 대해 우려를 표명했다. 특히 트론 네트워크로 스팀 토큰을 이전한다는 계획에 대한 우려가 컸다. 이에 대응하여 이용자 커뮤니티는 자체적으로 소프트 포크를 시도했으나 실패했고 썬은 일부 거래소와 협력하여 이를 철회하려 했다. 이 과정에서 일부 거래소는 고객의 스팀 토큰을 오용하여 소프트 포크를 되돌리려 했다. 이는 스팀잇의 새로운 관리와 협력한 거래소에 대한 불신을 초래했다.

결과적으로 소프트 포크 실행에 실패한 커뮤니티는 하드 포크를 진행하여 스팀잇으로부터 최종적으로 분리하였다. 저스틴 썬의 스팀에 반대하는 사람들이 독자적으로 하이브(Hive) 블록체인을 만들었다. 그러나 스팀잇이 관리하는 모든 토큰과 블로그 게시글은 새로운 블록체인 네트워크인 하이브에 반영되지 않았고 이 주소들은 모든 미래 활동에서 차단되었다. 썬은 이 포크를 '악의적인 해커의 행위'로 인식하고 약 4,500개의 포스트를 검열했다. 썬은 하이브 하드 포크와 관련된 블로그 포스트와 댓글을 검열하며 개인 재산의 신성함을 침해했다고 주장했다. 그러나 블로그 포스트 차단과 거래소의 협력으로 인해 많은 사용자가 이탈하자 썬은 결국 스팀잇 기반 포스트를 검열했다는 사실을 인정하고 자신의 입장을 완화했다. 새로운 소유자인 썬은 블로그 포스트를 게시하여 커뮤니티의 신뢰를 회복하고 사용자들이 스팀잇 프로젝트로 돌아오도록 설득하려 했다.

썬의 인수와 이후 소프트 포크 및 하드 포크는 블록체인의 탈중앙화된 특성과 '위임된 지분 증명'(DPoS) 합의 메커니즘의 잠재적 공격 허점을 드러냈다. 원래 블록체인 소셜 네트워크는 위임된 지분 증명 방식의 합의 메커니즘을 사용하였으며 이는 중앙화된 관리 문제와 맞물려 네트워크 관리 결정을 조작할 수 있는 잠재적 위험을 노출케 했다. 이는 썬과 거래소가 사용자 동의 없이 고객의 토큰을 남용한 사례에서 명확히 드러났으며 블록체인 네트워크 검증자의 힘을 보여 주었다.

당시 문제는 저스틴 썬이 이용자 커뮤니티의 탈중앙화 흐름에 대해 적대적인 태도를 보인 것이다. 많은 이용자들은 탈중앙화 변화에 대한 썬의 부정적인 태도로 인해 스팀잇을 떠났다. 이 갈등은 웹2와 웹3 간 문화적 변화를 반영한 것이며 많은 사람들이 중앙 집중형 관리에서 커뮤니티 관리로 전환하는 패러다임을 이해하는 데 어려움을 겪고 있음을 보여 주었다.

이 사례는 크립토 커뮤니티가 표방하는 웹3 기술이 구조적으로 '악할 수 없음'(can't be evil)이라는 특성을 지니고 있다는 주장을 반박한다. '악할 수 없음'이라는 표현은 웹2의 대표적 기업인 구글의 구호 '악하지 말라'(don't be evil)에서 영감을 받아 블록체인 네트워크의 가치 제안을 설명하기 위해 만들어졌다.[118] 웹2 주도의 기업 네트워크와 달리 블록체인 네트워크는 미래의 행동에 대해 강력한 약속을 할 수 있고 시스템 규칙을 변경할 수 있는 능력을 제한함으로써 탈중앙화와 불변성을 강조한다. 이러한 특성 때문에 블록체인 네트워크는 더 공정하고 투명하게 운영될 수 있다고 여겨진다.

이 사례는 일부 크립토 커뮤니티 구성원이 악의적인 변경이나

---

118 https://a16zcrypto.com/posts/article/blockchain-internet-glossary-key-terms-read-write-own-book

조작을 시도할 수 있음을 드러내며 사용자와 참여자 사이에 불신을 조성했다는 점을 부인하기 어렵게 한다. 그럼에도 결과적으로 이용자 주도의 DAO가 성공적으로 작동하면서 새로운 소유자인 썬의 경계를 넘어서 사회적 공공선으로 기능할 DAO가 하이브 플랫폼의 거버넌스를 담당할 수 있게 되었다.

지분증명의 탈중앙화 이슈

2015년에 등장한 이더리움은 블록체인 기술이 단순히 디지털 화폐나 자산에 그치지 않고 웹3 기술을 통해 사회적, 문화적, 기술적 변화와 함께 발전해야 한다고 주장하며 '월드 컴퓨터'의 비전을 제시했다. 그러나 이더리움을 따르거나 대체하려는 다른 블록체인 프로젝트들은 대의제 민주주의 방식을 채택하면서 일부 탈중앙화를 포기하고 있으며 이는 프로젝트 내 거버넌스의 정치적 권력 불균형을 초래할 위험이 있다.

부테릭은 이더리움과 경쟁하는 많은 블록체인 프로젝트가 '우리는 초고속을 목표로 하고 분산화는 나중에 생각하자'는 틈새시장을 노리고 있다고 지적했다.[119] 그러한 프로젝트들은 '막대기가 인센티브를 받기 때문에 괜찮다'고 생각하는데 이는 웹3 기술이 추구하는 분산화와 보안을 기반으로 한 강력한 기반 계층 구축과는 거리가 있다.

특히 레이어1 블록체인이 속도와 확장성만을 중시하는 접근 방식을 취하게 되면 레이어2 프로젝트들의 탈중앙화를 제대로 지원하

---

119 https://vitalik.eth.limo/general/2024/05/17/decentralization.html

기 어렵게 된다. 레이어1 자체가 분산 시스템을 통해 상당한 수의 작업을 처리할 수 있는 충분한 확장성을 갖춰야 한다. 그렇지 않으면 웹3 기술이 가진 독특한 민주주의적 특성을 잃어버릴 위험이 있다. 이런 이유로 이더리움의 탈중앙화 특성을 유지하고 확장성을 개선하기 위한 노력은 깊이 존중받을 만하다.

이더리움과 경쟁하는 수많은 레이어1 및 레이어2 프로젝트가 나오면서 웹3 기술과 디지털 토큰의 대중화에 긍정적인 영향을 미친 것은 사실이다. 그러나 FIT21 법안에 따르면 탈중앙화를 포기한 가상자산은 증권성으로 분류될 가능성이 높다. 이는 가상자산을 증권 또는 상품으로 판단하는 기준에 대해 FIT21 법안이 블록체인 시스템이 특정 조건을 충족하는 탈중앙화 네트워크임을 확인해야 한다고 규정하고 있기 때문이다.[120]

첫째, 지난 12개월 동안 아무도 블록체인의 기능을 통제할 수 없어야 한다. 둘째, 가상자산 발행자나 관련자가 자산의 20% 이상을 소유하거나 거버넌스 시스템의 20% 이상을 통제할 수 없어야 한다. 셋째, 지난 3개월 동안 블록체인 시스템의 기능을 실질적으로 변경할 수 있는 지적 재산을 포함하지 않아야 한다. 넷째, 가상자산을 투자 상품으로 마케팅하지 않아야 한다. 마지막으로 모든 발행이 프로그래밍 기능을 통해 최종 사용자에게 배포되어야 한다.

이러한 조건을 충족하지 못한 블록체인 네트워크에서 발행된 디지털 토큰 및 NFT는 증권으로 분류될 수 있으며 이에 따라 더 엄격한 규제의 대상이 될 가능성이 있다.

---

120 코빗 (2024). BTC, ETH의 탈중앙화와 FIT21 법안점검. 코빗 리서치 7.10.자

2024년 7월 말 두 명의 NFT 예술가가 SEC(미국 증권거래위원회)를 상대로 소송을 제기해 SEC가 NFT에 대해 규제 권한을 행사할 수 있는지에 대한 법적 판단을 요구했다.[121] 이 소송의 원고들은 법학 교수이자 영화 제작자고 다른 한 명은 작곡가였다. 이들의 핵심 쟁점은 예술가들이 자신의 NFT 작품을 공개 판매 전에 SEC에 등록해야 하는지, 그리고 디지털 작품 구매와 관련된 위험을 공개해야 하는 여부다.

이들의 변호인들은 테일러 스위프트(Taylor Swift)의 콘서트 티켓과 비교하며 주장을 펼쳤다. 그녀는 미국의 유명한 싱어송라이터이자 배우, 감독으로 활동하고 있다. NFT와 마찬가지로 스위프트의 티켓도 2차 시장에서 재판매되고 스위프트 본인이 이를 홍보하고 있다는 것이다. 그러나 SEC가 스위프트의 티켓이나 수집품을 증권으로 분류하여 규제하지 않음을 주장했다.

SEC가 처음으로 NFT 프로젝트에 대해 강력한 조치를 취한 사례가 있었다. SEC는 유튜브 채널 및 팟캐스트 스튜디오인 임팩트 시어리(Impact Theory)를 대상으로 NFT를 투자 기회로 홍보하며 사업이 성공할 경우 구매자가 이익을 얻을 수 있다고 암시했다고 주장했다. 이에 따라 SEC는 이 NFT를 증권 규제를 받는 투자 계약으로 분류했고 이 사건은 임팩트 시어리가 처벌을 수락하면서 마무리되었다. 웹3 커뮤니티 내에서 이 사건은 큰 반향을 일으켰다. SEC가 NFT 프로젝트에 대해 과도한 집행 조치를 취하지 못하게 하기 위한 법적 구제 장치가 미비하기 때문이다. 디지털 예술가들이 느끼는 불

---

121 https://nftnow.com/news/two-artists-sue-sec-nfts-securities

안감도 높아졌다.

이후 SEC는 스토너 캣츠(Stoner Cats)에 대해 등록되지 않은 NFT 제공을 문제 삼았고 이 소송 역시 법원 판결 없이 합의로 마무리되었다. 스토너 캣츠는 성인 관객을 대상으로 개발된 애니메이션 시리즈로 고양이 다섯 마리를 키우는 스토너가 사용하는 의료용 마리화나를 그의 고양이들이 흡입하면서 시작된다. 이로 인해 고양이들은 의식을 가지게 되고 주인을 돕기 위해 여러 가지 모험을 겪게 된다. 이 시리즈는 NFT 소유자만 시청할 수 있었다. 이는 블록체인 기술을 통해 팬들과 제작자 간 직접적인 소통을 가능하게 하여 커뮤니티 형성에 중점을 두고 있었다.

이번 소송은 SEC의 불명확한 정책이 새로운 기술을 탐구하는 예술가들의 생계를 위협할 수 있다는 의심과 두려움에서 시작되었다. SEC의 접근 방식이 신속하게 발전하는 새로운 기술을 실험하는 예술가들의 창의적 자유와 재정적 안정성을 위협한다는 인식이 널리 퍼져 있다. 이 소송에서 드러났듯이 정책 당국이 블록체인 기술에 대해서 여전히 명확한 지침을 제공하지 않거나 과도한 규제로 인해 웹3 산업의 종사자들이 스스로 혁신하고 이 분야를 발전시키는 데 어려움을 겪고 있다.

규제의 범위와 깊이가 커지면 해당 블록체인에서 구현하는 웹3 기술의 콘텐츠와 서비스는 혁신적인 모습을 갖추기 어려워진다. 해당 웹3 플랫폼에 참여하는 이용자 집단도 자유롭게 소통하거나 활동하기가 힘들어진다. 결과적으로 이러한 규제는 웹3의 기술 발전에 걸림돌이 될 수 있으며 디지털 자유주의 및 거버넌스 혁신을 저해할 가능성이 있다.

5장 | NFT 등장과 소버린 체인

NFT에 대한 이해와 기능 및 역할

NFT의 개념 정의와 다양한 관점들

NFT(non-fungible token)는 대체불가토큰으로 번역된다. NFT는 디지털자산의 독특함과 소유권을 인증하는 디지털 증명서다. 각 NFT는 블록체인에 기록되어 고유한 정보와 소유자의 정보를 담고 있으며 이는 해당 자산이 세상에 단 하나뿐임을 보증한다. 예를 들어 디지털 예술품, 음악 파일, 영상 등이 NFT로 변환되어 고유한 가치와 소유권이 인정된다. 하지만 이 용어를 번역하면 영어에 비해 한국어가 다소 복잡해 보일 수 있다. 이를 이해하기 쉽게 설명하기 위해 <그림 14>를 활용한다.

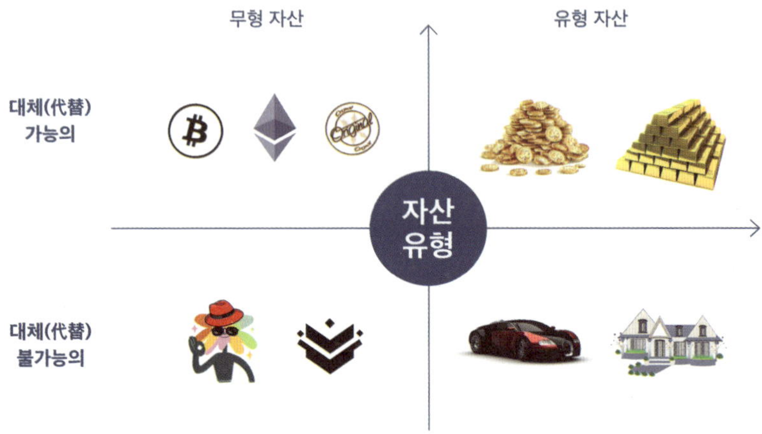

<그림 14> 자산의 유형과 NFT

X축과 Y축을 중심으로 한두 가지 차원에서 자산을 구분하는 방법은 유·무형 자산, 그리고 대체 가능성을 기준으로 한다. X축에서 유형 자산은 물리적 실체를 가진 것으로 현금, 금괴, 자동차, 미술 작품, 주택과 같이 실제 세계에서 존재한다. 이들 중 현금과 금괴는 금융자산에 속하며 자동차와 미술 작품은 비금융 자산에 해당한다. 반면 X축의 음수 영역에 위치한 비트코인, 이더리움, 마일리지 포인트, 디지털 이미지, 로고 디자인 등은 물리적 형태 없이 디지털 환경에서만 존재하는 무형 자산이다.

Y축은 자산의 대체 가능성을 기준으로 분류한다. 양수 영역에 속하는 자산은 다른 동일한 자산과 교환해도 가치가 변하지 않는 대체 가능한 자산이다. 현금, 금괴, 비트코인, 이더리움, 마일리지 포인트가 이에 해당한다. 반대로 Y축 음수 영역에 속하는 자산은 각각 독특한 특성을 지니며 다른 같은 종류의 자산과 교환할 경우 그 가치

가 유지되지 않는 대체할 수 없는 자산이다. 예술 작품, 개인 소유의 자동차, 주택, 독특한 디지털 이미지, 로고 디자인이 이 범주에 속한다. 이들 자산은 각각의 역사, 상태, 소유 이력 등에 따라 가치가 달라질 수 있다.

디지털 기술의 발전은 무형 자산의 복제와 유통을 용이하게 만들었으나 이로 인해 원본과 복제품 간 구분이 모호해지고 가치가 저하될 위험이 있다. NFT 기술의 도입은 이 문제에 대한 해결책을 제시한다. NFT는 독특한 디지털자산을 대체 불가능한 토큰으로 변환하여 원본을 증명하고 보호한다. 이는 디지털 아트, 사진, 비디오, 기타 콘텐츠와 같은 자산에 대해 고유성과 소유권을 명확히 하여 가치를 유지하게 해 준다. NFT와 웹3 기술은 디지털 세계에서 자산의 독특한 가치를 보호하고 증명하는 새로운 방법을 제공한다.

요약하면 그림은 NFT의 개념을 시각적으로 표현하여 디지털자산이 어떻게 고유한 토큰으로 변환되어 그 가치가 인정받는지를 쉽게 이해할 수 있도록 돕는다. 이 그림을 통해 사용자는 NFT가 디지털 세계에서 어떤 역할을 하는지, 왜 중요한지를 직관적으로 파악할 수 있다. NFT는 단순한 디지털 파일이 아니라 그 파일이 지닌 독특한 가치와 소유권을 증명하는 매개체로서 디지털 콘텐츠의 창작자와 소비자 사이에 새로운 가치 교환 방식을 제시한다.

<표 8>은 이더리움 기반 토큰 표준(ERC)의 핵심 기능과 이들이 어떻게 웹3 블록체인 기술 및 NFT 생태계에서 사용될 수 있는지를 요약하여 보여 준다.

<표 8> 각 ERC 표준의 주요 기능과 목적

번호	표준 명칭	주요 기능 및 용도
ERC-20	토큰 표준	이더리움상에 존재하는 다양한 암호 자산을 개발할 수 있도록 유연한 템플릿을 제공하는 표준. 자산의 사용 방법, 사용자, 그리고 기타 규칙을 정의하는 일종의 설계도 역할을 함.
ERC-721	NFT 소유권	NFT의 소유권을 상징하며 고유 ID를 통해 수집할 수 있는 비대체 토큰. 각 토큰은 별도의 가치를 가지며 시장 가치에 따라 이전 및 거래 가능.
ERC-1155	다목적 토큰	하나의 스마트 계약을 통해 대체 가능 및 반대체가능토큰을 관리하기 위해 설계된 표준. 단일 작업으로 여러 거래를 처리할 수 있는 기능을 제공.
ERC-2981	로열티 표준	NFT 판매 시 창작자에게 지급되어야 하는 로열티 비율을 명시하는 범용 로열티 표준. NFT 마켓플레이스 개발을 위해 특별히 개발된 표준으로 모든 NFT 마켓플레이스와 생태계 참여자에게 범용 지원을 제공.
ERC-998	복합 토큰	NFT가 대체할 수 있는 ERC-20 토큰 또는 대체할 수 없는 ERC-721 토큰을 소유할 수 있는 기능을 추가하는 표준. 토큰 구성의 전송은 항목 계층 구조의 완전한 전송을 의미.
ERC-5192	소울바운드 토큰	토큰을 단일 계정에 바인딩하는 NFT로 만드는 최소 인터페이스를 제공하는 표준.
ERC-5679	토큰 확장	토큰 표준을 확장하는 일관된 방법을 제시하며 특히 창조와 소멸을 위한 토큰 발행과 소각을 단일 방법으로 수행.
ERC-6150	계층적 NFT	다층 파일 시스템과 같은 계층적 NFT를 제공. 자식 NFT나 부모 NFT에 접근할 인터페이스를 제공하며 루트 노드와 리프 노드 간 계층적 관계를 유지하는 데 사용.

출처: innblockchain.com[122]에서 저자가 한국어로 재구성.

122 https://www.innblockchain.com/nft-marketplace-development

NFT가 등장하기 전 디지털 아트의 역사를 간단히 살펴보면 디지털 아트는 현대 예술의 인기 있는 하위 장르로 1970년대부터 존재했다.[123] 이 용어는 소프트웨어를 사용해 만들거나 향상된 작품, 디지털로 렌더링된 애니메이션, 디지털 장치를 통해 즐기는 인터랙티브 아트 등 여러 현상을 포함한다. 알고리즘을 주로 사용해 창작자가 만드는 생성 디지털 아트도 있다.

NFT 아트가 대중의 관심을 끈 계기는 2017년 이더리움이 ERC-721 표준을 도입하면서 디지털 아트의 새로운 매개체가 등장했기 때문이다. 이더리움의 ERC-20과는 다르게, 이 토큰 표준은 NFT의 창작을 가능하게 하고 NFT 아트의 새로운 붐을 일으켰다. 2017년에는 크립토펑크(CryptoPunks), 크립토키티(CryptoKitties)와 같은 프로젝트들이 이더리움에서 NFT를 만들어 웹3 기술을 통한 디지털 예술의 대중화를 닦았다.

스티브 카친스키(Steve Kaczynski)[124]와 스콧 듀크 코미너스(Scott Duke Kominers)[125]의 책 『모든 것이 토큰이다: NFT와 웹3는 어떻게 우리가 사고, 팔고, 만드는 방식을 변하게 할 것인가』[126]를 살펴보자. 이 책은 NFT가 온라인과 오프라인에서 소유권, 권한, 거래 방식을 어떻

---

123 https://www.gemini.com/cryptopedia/blockchain-fine-art-nft-marketplace

124 첫 번째 저자로 유명한 벤처 투자사 안데르센 호로위츠(a16z)의 마케터이자 웹3 사업가. 그는 NFT 시장의 동향과 해설을 제공하는 분산 세대 네트워크(dgen.network)에서 활동하는 전문가임.

125 두 번째 저자로 하버드 경영전문대학원의 교수이자 하버드 '크립토, 핀테크, 웹3 연구소'의 공동 소장을 맡고 있음.

126 The Everything Token-How NFTs and Web3 will transform the way we buy, sell, and create.

게 변하게 할 것인지 보여 주는 다가오는 디지털 혁명을 파헤친다.

NFT는 고유한 소유권을 가진 디지털 기록으로 이미지, 게임 아이템, 의류, 예술품 등과 같은 디지털 또는 물리적 자산과 연관될 수 있다.[127] NFT는 인터넷 초기의 홈페이지와 마찬가지로 다양한 용도와 기능을 가지고 있어 무한한 잠재력을 가지고 있다. 이에 따라 서로 다른 그룹이 NFT를 인식하고 사용하는 네 가지 유형을 제시할 수 있다.[128]

① 일상 콘텐츠 소비자와 디지털 원주민 등

콘서트 티켓을 구매하려고 했는데 판매자가 같은 티켓을 다른 사람에게도 팔지 않을까 걱정한다. 엑스레이 사진을 새로운 치과에 쉽게 옮길 수 있기를 바란다. NFT가 이러한 문제를 해결할 수 있다. NFT는 고유한 소유권을 가진 디지털자산으로 이러한 데이터를 저장하는 데 사용할 수 있다. 예를 들어 NFT 의료 기록을 보유하고 싶다면 한 의사 사무실에서 다른 의사 사무실로 문서를 옮기는 것처럼 간단히 액세스 권한을 새로운 제공자로 전송할 수 있다. 마찬가지로 NFT 티켓은 한 번에 한 사람만 소유할 수 있으며 사고팔 수 있다. 일부 NFT는 양도할 수 있지만 다른 NFT는 양도할 수 없다. 이는 운전면허가 특정 개인에게만 연결되어 있는 것과 같다. 이러한 기능은 새로운 종류의 로열티 프로그램에서 디지털과 실물을 연결하는 새로운 종류의 경험에 이르기까지 다양

127 https://a16zcrypto.substack.com/p/5-ways-to-use-nfts-its-tax-season
128 https://hbr.org/2021/11/how-nfts-create-value

한 사용 사례를 열어 준다.

게이머와 같은 기타 소비자는 로블록스나 포트나이트 같은 게임에서 디지털자산을 수집하기를 원한다. 다양한 디지털 음악 파일을 가지기를 원한다. NFT는 이러한 디지털자산을 블록체인에 저장하여 소유권을 보장한다. 따라서 NFT를 사용하면 다양한 웹 플랫폼에서 소유한 디지털 콘텐츠를 사용할 수 있고 진정한 소유권을 얻을 수 있다. 소셜미디어에서 구축한 콘텐츠와 평판 포인트를 단일 플랫폼에만 공유하는 것이 아니라 모든 곳에서 동시에 공유할 수 있다. 예를 들어 레딧(Reddit)에서 탑 포스터라면 해당 명성을 틱톡으로 옮길 수 있다. 본질적으로 어떤 플랫폼에도 사로잡히지 않는 웹 전반에 걸쳐 고유한 권한이 있는 디지털 아이덴티티를 구축할 수 있다.

② 대형 브랜드와 스포츠팀 등

NFT는 팬들의 브랜드 애착, 충성도, 정체성을 강화하는 새로운 방법이다. NFT를 통해 브랜드는 팬들에게 진정으로 소유할 수 있는 디지털자산을 제공할 수 있다. 이러한 디지털자산은 팬들의 신원에 통합되어 브랜드를 중심으로 유기적인 커뮤니티를 구축하는 데 도움이 된다. 이를 통해 브랜드는 팬들을 기존보다 훨씬 더 활동적이고 참여하는 슈퍼팬으로 만들 수 있다.

대형 브랜드와 스포츠팀은 NFT를 활용하여 팬들을 기존보다 더 활동적이고 참여적인 슈퍼팬으로 전환할 수 있다. 아날로그 시대의 통일된 기념품은 대부분 동질성을 기반으로 하였지만 현대에는 그러한 기념품들이 더 이상 사람들의 관심을 끌지 못한다. 제품이나 서비스에 변형을 더하더라도, 단순한 이질성만으로는 주목을 받기 어렵다. 대신, 다소 과장되게 느껴질 수 있는 독특한 이미지와 콘텐츠가 인기를 끈다. 디지털 세대는 거대한 사회 구조 속에서 자신을 표현할 수 있는 방법으로 NFT 콘텐츠를 선호한다. 사람들은 쇼핑이나 일상생활에서 자신만의 온라인 자아, 즉 페르소나를 구축하길 원한다. 스포츠팀은 자신들의 이미지 데이터베이스에서 여러 콘텐츠를 디지털 기기를 통해 팬들과 공유하고 팬들의 선호하는 이미지를 입력받아 개인의 디지털 페르소나에 맞는 캐릭터 요소를 분석하여 속성 데이터를 생성한다. 이후 이 데이터를 바탕으로 인공지능 모델을 학습시켜, 각 팬이 선호하는 캐릭터의 묘사 요소를 선택할 수 있도록 한다. 이를 통해 팬들은 자신만의 NFT를 직접 생성할 수 있다.

스타벅스와 나이키와 같은 유명 기업들은 이미 이러한 니즈를 파악하여 NFT 기반의 브랜드 전략을 수립하고 실행 중이다. 평균적인 것이 사라진 대중문화에서 사람들은 다수가 아닌 개인으로 인정받길 원한다. 최근 몇 개월 사이에 AI 기술이 사진과 이미지 제작에 통합되어 NFT 생산과 보급 방식에 혁명적인 변화를 가져왔다. 이러한 AI 기반 NFT 서비스는 새로운 이미지 생성에 대한 기대를 충족시키며 젊은 세대의 감성적 소비를 자극하고 NFT 참여를 증진할 수 있는 새로운 가능성을 제시한다.

③ 예술가, 음악가, 기타 창작자, 정책 입안자 등

NFT는 디지털자산의 소유권을 증명하는 기술이다. 예술가, 음악가, 기타 창작자는 NFT를 통해 다음과 같은 이점을 얻을 수 있다.

온라인 기반 NFT 마켓은 점포 갤러리보다 접근하기 쉽고 다가가기 쉬우며 공평하고 포괄적이다. 또한 중개자 없이 직접 구매자와 소통할 수 있다. 새로운 기회를 통해 작품을 전시하고 판매할 수 있으며 아티스트에게 가장 큰 혜택은 그들의 작업에 대해 공평하게 지불받는 것일 수 있다. 그리고 1차 및 2차 판매 모두에서 로열티를 받을 수 있다.

일반적으로 전통 모델에서는 창작자가 작품 판매 가격의 50%를 받고 갤러리가 나머지 50%를 가져간다. 작품이 재판매될 경우 예술가는 로열티를 받지 못한다. 하지만 NFT 아트 세계에서는 창작자가 처음 판매 가격의 80% 이상을 벌 수 있고 그들의 생애 동안 모든 차후 판매에서 계약에 따라 다르겠지만 10% 이상의 로열티를 받을 수 있다.[129]

전 세계적으로 커뮤니티를 형성하고 상호 작용할 수 있다. NFT 이용자는 디지털 네이티브기 때문에 전 세계적으로 해당 커뮤니티를 식별하고 상호 작용할 수 있다. 예를 들어 웹3 미디어는 플랫폼이 소유권을 확인하기 위해 NFT를 읽는 검증된 거래소 형태를 제공한다. NFT는 공개 장부에 따라 소유권이 추적되는 디지털 토큰 역할을 하기 때문에 거래 기록은 누구나 증명, 소유권의 역사 및 이전을 포함하여 누가 소유하고 있는지 식별하고 확인할 수 있도록 한다.

최근 일본은 지방 활성화에 NFT를 혁신적으로 적용하고 있다. 일본 역시 저출산, 고령화, 인구 유출로 인해 지역 상황이 심각해지고 있는 것은 우리나라와 같다. 이에 대응하여 일본은 지역의

129 https://www.gemini.com/cryptopedia/blockchain-fine-art-nft-marketplace

전통과 아름다움을 보존하면서 NFT를 통해 지역 매력을 전국적으로 홍보하고 지속 가능한 커뮤니티를 육성하기 위해 노력하고 있다. 2020년부터 다양한 NFT 프로젝트를 시작했다.

예를 들어 지역 활성화를 위한 다오(DAO) 협회를 설립해 관광 기념품 NFT 사업을 추진하거나 고향 납세 프로그램과 NFT를 연계하여 디지털 인구의 잠재력을 키우는 작업에 착수했다. 이러한 NFT는 고향 납세의 답례품으로도 활용되며 재원 창출 및 도시 홍보에 기여하고 있다. NFT와 DAO의 결합은 지역 활성화를 위한 새로운 방식으로 부상하고 있으며 이는 지역 커뮤니티를 강화하고 매력적인 마을을 조성하는 데 중요한 역할을 하고 있다 <그림 15>.

<그림 15> 일본의 지역 활성화를 위한 웹3 연구소 홈페이지

출처: 아루야무 회사 홈페이지[130]를 저자가 한국어로 번역.

130 https://alyawmu.com/laboratory

한편 우리나라의 농촌 지역도 넓은 면적을 자랑하지만 지방 소멸 위기에 처해 있다. '두 주소 갖기', 즉 '관계 인구' 전략을 통해 이 위기를 극복할 필요가 있다. NFT의 발전은 이 전략에 크립토 차원을 추가해 지역 문제를 해결하고 이주민 중심의 디아스포라(diaspora) 커뮤니티를 구축함으로써 성공 사례를 창출할 수 있다. 도시의 인기 있는 DAO 커뮤니티와 협력하여 물리적 세계와 크립토 공간에서 모두 실재하여(presence) 지방으로의 인구 유입을 지원함으로써 시공간적 한계를 넘어 소속감과 경제 활동의 기회를 확장할 수 있다. 이러한 접근은 지역 커뮤니티 강화 및 경제적 활성화에 기여하며 더 많은 사람들이 지역에 관심을 가지게 만드는 중요한 동력이 될 것이다.

④ 계층별 크립토와 NFT 자산에 대한 관점과 접근 방식

비트코인 ETF 및 이더리움 ETF 이후 커져 가는 웹3와 NFT 시장에서 우수한 콘텐츠를 갖춘 디지털 산업의 주도권을 잡기 위해 우리나라도 적극적으로 움직여야 한다. 그렇지만 크립토와 NFT는 투기적이라는 부정적인 인식이 여전히 많다.

크립토와 NFT에 대한 대중의 관점은 <그림 16>과 같다.

<그림 16> 크립토와 NFT를 바라보는 유형

출처: ChatGPT를 이용해 저자가 생성.

'리셀러'(reseller) 유형은 짧은 기간 투자로 수익을 창출하려는 집단이다. 이와 대조적으로 '신념주의자'(believer) 유형은 장기적인 관점에서 NFT를 보유한다. 이 두 집단과는 달리 '사캐스틱'(sarcastic) 유형은 NFT에 대해 부정적이거나 회의적인 태도를 보인다. 마지막으로 '알라미스트'(alarmist) 유형은 사소한 이슈에도 민감하게 반응하며 NFT의 가치에 의문을 제기하는 특성이 있다.

NFT에 대한 대중의 회의적 태도와는 별개로 유용한 사용 사례도 많다. 기존 브랜드도 NFT를 활용하고 있으며 이는 디지털 공간에서 재산권을 확립하는 기술로서 성공적인 시장의 근본적인 기반이 될 수 있다. NFT는 창작자에게 새로운 기회를 제공하는 기술이다. 따라서 NFT와 같은 신기술을 접했을 때 그 기술과 잠재력에 대해 배우는 것이 중요하다.

NFT는 블록체인 기술을 활용하여 강력하고 분산된 형태의 디지털 제품 소유권을 확립한다. 각 NFT는 온체인에서 소유자로 식별된 지갑에 의해 제어되며 생성된 사람과 관계없이 존재한다. 또한 퍼블릭 블록체인의 NFT는 이를 보유한 사람들 사이의 소속 네트워크를 구축하고 표면화하여 커뮤니티 공동 생성을 위한 기반이 될 수 있다. NFT는 소유에서 유틸리티, 정체성 및 커뮤니티로 이어지는 경로를 추적하여 가치를 구축할 수 있는 기술이다.

NFT의 급속한 성장과 이슈 및 문제점

2022년 3월 유가 랩스(Yuga Labs)의 원숭이 NFT에 대한 투자자들의 열광과 일반인의 궁금증을 언급하며 카친스키와 코미너스는 NFT 세상의 도래를 설명한다. 원숭이 NFT는 유명한 예술가의 작품이 아니었다. 개별적인 시각적 특징은 손으로 그렸지만 이미지 자체는 컴퓨터 과정에 의해 만들어졌다. 특징들을 무작위로 조합하여 이미지를 만들었다. 언론은 원숭이 NFT가 어떻게 가치가 있을지, 어떻게 투자금을 모금할 수 있는지 이해할 수 없다고 지적한다. 하지만 더욱 황당한 점은 이 원숭이 NFT가 전혀 상품이 아니라는 사실이었다. 사실 이 NFT는 누구나 인터넷에서 보거나 내려받을 수 있었다. 다만 블록체인에서 디지털 기록물, 즉 토큰화되었을 뿐이었다. 그런데 투자자들은 컴퓨터 계정과 원숭이 NFT를 연결하는 디지털 기록 1만 장을 판매한 회사에 수억 달러를 투자했다. 이 모든 현상은 많은 관찰자들을 어리둥절하게 만들었다.

10개의 오토글리프(autoglyphs)가 사상 최고의 온체인 NFT 거래 중 하나로 5,000이더(1,450만 달러)에 판매되었다[131] <그림 17>.

<그림 17> 오토글리프(autoglyphs) 10점 사진

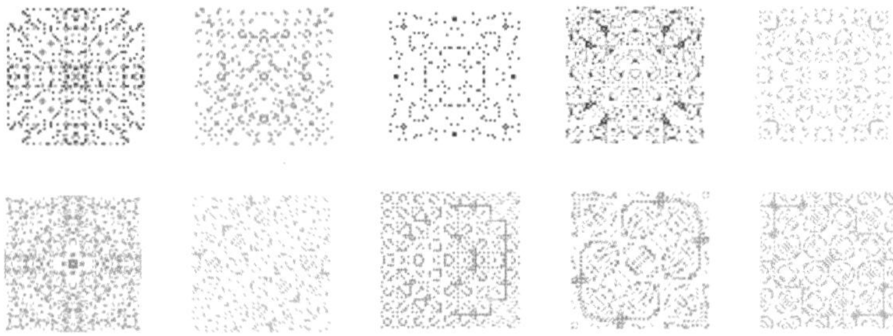

출처: nftnow.com

131 https://nftnow.com/features/exclusive-inside-the-historic-14-5-million-autoglyphs-set-acquisition

이 디지털 아트 거래는 역사상 가장 큰 규모 중 하나로 구매자는 전통 예술 컬렉션을 대표하는 익명의 수집가였다. 오토글리프는 이더리움 블록체인에서 생성된 최초의 온체인 생성 아트로 인정받으며 10점 세트는 라바 랩스(Larva Labs)의 초기 온체인 디지털 아트의 가장 순수한 형태다. 이들의 알고리즘 기반 자연스러움과 미적 감각은 초기 컴퓨터 생성 아트 및 코딩과 깊은 연결을 가진다. 이 거래는 NFT 판매를 위한 온체인 거래 가격 중 다섯 번째로 높은 기록을 세웠으며 중개인인 파운틴(Fountain)을 통해 이루어진 거래의 친밀성과 직접성이 독특하다고 알려져 있다. 이번 거래는 디지털 아트에 대한 수집가들의 지속적인 신념을 보여 준다. 이 세트는 미술관과 기관 등에서 전시될 예정이다.

NFT 디지털 작품에 대한 비판 중 하나는 고액 거래가 실질적 가치가 없는 돈세탁이나 사기일 수 있다는 것이다. 비판자들은 NFT가 진정한 가치를 지니지 않으며 디지털 아트 산업이 경제적 이득을 목표로 한 사기 집단의 손에 운영될 수 있다고 지적한다.

<그림 18>과 같이 2023년 2월 기준 상위 6개 NFT 마켓플레이스의 총 돈세탁 의심 거래량은 4개월 연속 증가하여 0.58억 달러를 기록했고 이는 전월 대비 126.0%p 증가한 수치다.

일반적으로 NFT 마켓플레이스 거래량이 회복되면서 NFT 세탁 거래량도 상승한다. 세탁 거래가 가장 많은 마켓플레이스는 X2Y2, 블러, 그리고 룩스레어로 거래량 증가의 주된 이유는 이들이 거래에 대한 보상을 제공했기 때문이다. 특히 X2Y2는 전체 세탁 거래량의 상당 부분을 차지했으며 2022년 7월에는 세탁 거래가 6억 4,000만 달러로 정점을 찍었다. 한편 크립토펑크(CryptoPunks)에서는 세탁 거래가 발견

<그림 18> NFT 마켓플레이스의 돈세탁 의심 거래량

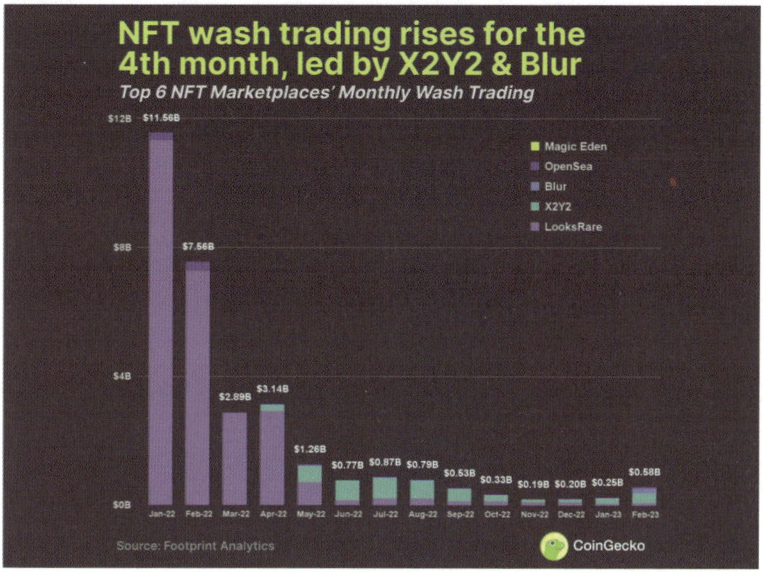

출처: 코인게코[132]

되지 않았으며 오픈씨와 매직에덴은 각각 4,257만 달러와 0.59만 달러의 세탁 거래를 기록했다. 2023년 2월 기준으로 NFT 세탁 거래량은 전체 미조정 거래량의 23.4%를 차지했으며 이는 지난해 초 기록한 67.1% 대비 크게 감소한 수치다. 그러나 X2Y2와 룩스레어의 대부분 거래는 여전히 세탁 거래로 각각 85.0%와 80.8%를 차지했다.

132 https://www.coingecko.com/research/publications/nft-wash-trading-marketplaces#:~:text=As%20of%20February%202023%2C%20NFT,the%20beginning%20of%20last%20year

NFT와 공동체 참여 거버넌스 구축을 위한 탐구

NFT는 아직 보편화되지 않았지만 초기 채택자들의 성공이 부각하면서 점차 S자 형태의 확산 곡선을 그릴 것으로 예상된다. S자 확산 곡선은 새로운 아이디어 기술, 서비스가 도입된 후 그 보급률이 시간이 지남에 따라 S자 형태로 증가하는 것을 나타낸다. 초기 단계에서는 채택률이 매우 낮고 성장 단계에서는 급격히 증가하며 성숙 단계에서는 완만하게 증가한다.

한편 소비자들은 맞춤형 광고 노출로 인한 프라이버시 침해 우려와 잦은 팝업으로 인한 피로도를 가지고 있지만 스마트폰에서 이미지 및 동영상 광고 시청이 제공하는 쇼핑 정보 획득과 오락적 유희에 대한 호의적인 인식도 있다. 상업적 광고와 마찬가지로 NFT 이용에 있어서도 침입성 비용과 유익성 편익에 대한 사람들의 상대적 인식에 따라 NFT의 보편성과 대중성이 높아질 것으로 예상된다.

세계 최대 NFT 포털인 오픈씨(OpenSea)가 암호화된 디지털 지갑이 없어도 이메일 주소만으로 시작할 수 있도록 했다. 이는 디지털 지갑을 통한 접속에 대한 프라이버시 침해 우려를 해결하기 위한 것이다. 별도의 지갑 확장 없이 NFT를 사고팔고 추가하고 전송하고 받을 수 있게 되었다. 이는 사람들이 NFT에 대한 새로운 경험을 통해 편리함과 즐거움을 느낄 수 있다 <그림 19>.

서비스로서 NFT소프트웨어 시스템이 도입되면 디지털자산의 보안과 무결성을 보장할 수 있다.[133] 또한 데이터 기반 기계학습을 통해 예측한 결과에서도 미래에는 더 많은 NFT가 나타날 것으로 드러났다. <그림 20>에서 볼 수 있듯이 NFT는 디지털 예술과 음악 및 게임 등 콘텐츠 분야에서 탄소 배출권과 같은 새로운 예시를 추가하

<그림 19> 오픈씨(OpenSea) 이메일 접속 화면

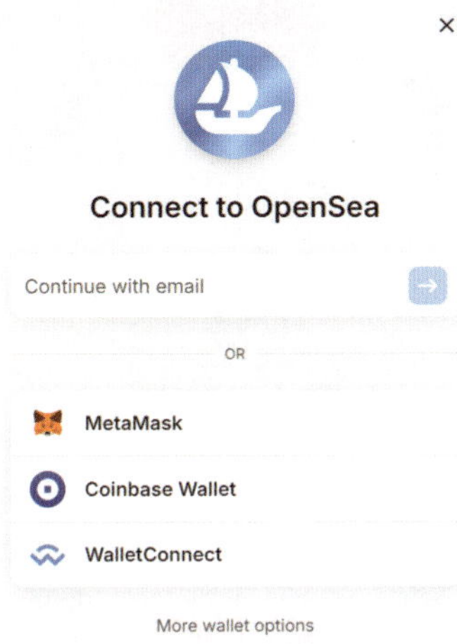

출처: 오픈씨 홈페이지[134] (2024년 10월 16일 캡처)

면서 그 영역을 확대해 나가고 있다.

이러한 NFT의 특성은 온라인 공간에서의 빅테크의 통제를 감소시키며 더 자유롭고 공정한 데이터 교환 및 거래 환경을 조성하여 민주주의적 가치를 실현하는 데 중요한 역할을 할 수 있다. 그림은 일본에서 공동체 이익을 위해 동료들과 자발적으로 데이터를 공유하는 개인을 인정하고 보상할 수 있는 NFT 인프라를 보여 준다. 김과 코쿠료(Kim & Kokuryo, 2024)는 웹3 플랫폼이 일본 사회에서 공동

133 Almajed, R., A. Z. Abualkishik, Ibrahim, A., Mourad, N. (2023). Forecasting NFT Prices on Web3 Blockchain Using Machine Learning to Provide SAAS NFT Collectors. Fusion: Practice and Applications, 10(2), pp. 55-68.

134 https://opensea.io

<그림 20> 확대해 나가는 NFT 영역

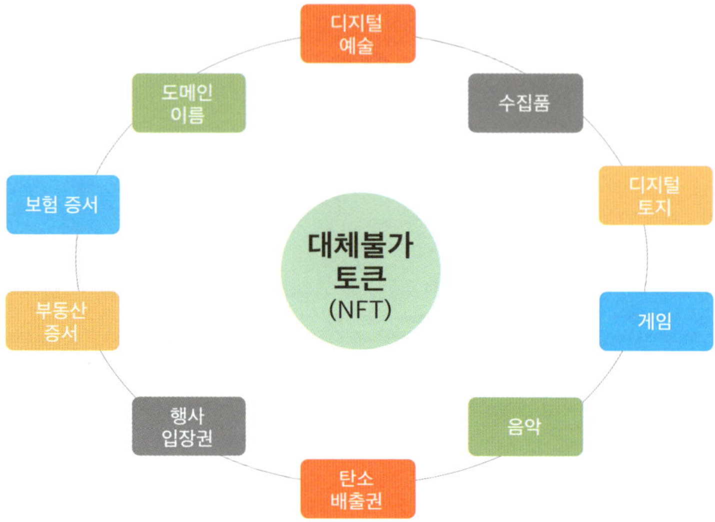

출처: Almajed et al. (2023)를 바탕으로 저자가 한국어로 재구성.

체 형성을 어떻게 돕는지 검토했다.[135]

웹3 기술의 주요 장점 중 하나는 데이터 분산을 통해 개인정보의 독립성을 강화하는 것이다. 이로 인해 사람들은 자신의 정보를 웹3 시스템에 공유하면서 데이터 통제권을 스스로 가질 수 있다. 데이터 공유를 장려하기 위해 교육과 캠페인이 중요하지만 공유를 유도하는 보상 메커니즘도 필수적이다. 하지만 데이터 경제 내에서 이타주의를 촉진하려고 할 때, 개인정보 확인 절차인 KYC(Know Your

135 Kim, D., & Kokuryo, J. (2024). Establishing altruistic ethics to use technology for Social Welfare—How Japan manages Web3 and self-sovereign identity in local communities. Electronic Markets, 34(6), pp. 1-12. https://doi.org/10.1007/s12525-023-00684-x

Customer)를 강제할 수는 없다는 점을 고려해야 한다.

초기 웹3 기반 소셜 네트워크 중 하나인 스팀잇(Steemit)을 활용하여 사용자들이 자발적으로 자신에 관한 정보를 게시물에서 어떻게 공유하는지를 분석한 연구가 있다.[136] 스팀잇 사용자는 온라인 공간에서 개인적, 직업적 정체성을 드러내는 데이터 공유를 일종의 '투자'로 인식하고 있었다. 이는 삶의 비전, 철학, 개인적 특성 등 자신에 대해 더 많이 공유할수록 더 높은 보상을 받고 그로 인해 실현된 가치도 커진다는 결과가 나왔기 때문이다. 예를 들어 작성자가 직접 만든 원본 콘텐츠는 복사된 콘텐츠보다 더 높은 보상을 받을 가능성이 컸다. 또한 개인적 정체성과 직업적 정체성을 함께 표현한 경우 이를 분리한 경우보다 보상 가치가 더 높았다. 시각적 개인 콘텐츠가 포함된 게시물은 평균적으로 더 높은 보상을 받는 경향도 있었다.

사람들이 사회적 공공선을 위해 항상 이타적일 수는 없으며 이는 인간의 본성을 고려해야 한다는 것을 의미한다. 이에 적절한 인센티브를 통해 사람들이 이타적으로 행동하도록 유도하고 그들의 행동이 완전히 이타적이지 않더라도 최소한의 유인책을 제공해야 한다. 때로는 사회가 이기심에 대해 처벌을 고려해야 할 수도 있다. 연구자들은 이타적 행동을 장려하기 위해 사용자 집단을 위한 NFT 발행이 어떻게 인센티브 구조를 제공할 수 있는지 <그림 21>을 통해 설명하고 있다.

---

136 Park, S. (2023). Hinting at the Third Path to the Future of Data Rights: An Empirical Study of the Steemit Blockchain. Social Media + Society, 9. pp. 1-15.

<그림 21> 공동체 이익을 위한 NFT 데이터 공유 인프라

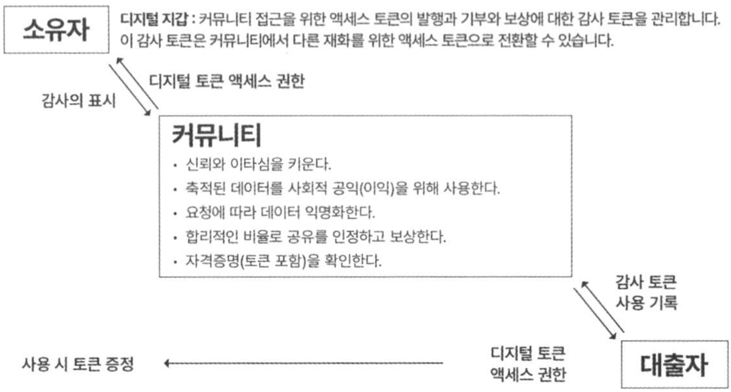

출처: Kim & Kokuryo (2024) 바탕으로 저자가 한국어로 재구성.

사람들은 물건을 돈으로 사는 대신 다른 사람의 물건을 일시적으로 빌리거나 사용할 권리를 얻을 수 있다. 그림은 이런 기여와 보상 메커니즘이 어떻게 작동하는지 보여 준다. 자산의 소유자는 자신의 자산을 사용할 수 있는 NFT를 만들어 임차인에게 준다. 이 과정에서 커뮤니티는 필요에 따라 거래를 익명으로 처리한다. NFT를 만드는 일은 소유자나 커뮤니티가 할 수 있다. 어떤 경우든 소유자와 임차인은 웹3 기반의 분산 지갑에 담긴 개별 비밀 열쇠로 식별된다. NFT는 다른 플랫폼으로도 옮길 수 있어 특정 커뮤니티나 자산에 묶이지 않게 한다. 임차인은 NFT를 특정 시간 동안 자산에 접근하는 열쇠로 사용한다. 그 후 기여한 것에 대한 보상으로 NFT가 발행되며 이는 기여자의 디지털 지갑에 저장된다. 보상으로 받은 NFT를 모으는 것은 기여자의 사회적 지위를 높이는 데 도움이 되고 이 지위를 사용해 원하는 서비스에 접근할 수 있다.

미국 금융당국이 2024년에 비트코인과 이더리움 ETF를 승인한 것은 역사적인 사건이다. 한때 튤립 사기로 조롱받던 가상자산과 가상자산이 금융자산이자 거래할 수 있는 상품으로 공식적으로 인정을 받았기 때문이다. 미국에서 크립토 ETF 출시는 은행, 증권사의 금융기관과 연기금을 운영하는 공공기관이 가상자산 시장에 진입할 수 있는 길을 열어준 계기다. 이는 웹3 기술이 대중화에 진입한, 이제 시작을 알리는 신호탄이라고 할 수 있다. 이에 따라 NFT도 새로운 사이버 문명과 참여적 거버넌스의 확대를 위한 새로운 국면을 맞이하게 되었다.

NFT 및 PFP와 문화적 국가주의

프로필 사진(PFP) NFT 사례 분석

프로필 사진(PFP, profile picture) NFT는 블록체인에서 만들어진 고유하고 수집할 수 있는 이미지나 예술 작품의 소유권을 나타내는 디지털 아이템이다. PFP NFT는 아바타로 사용하거나 수집품으로 사용하거나 커뮤니티 회원 자격으로 사용할 수 있다. 프로필 사진, 또는 PFP NFT는 주로 소셜미디어 프로필 사진이나 아바타로 사용되는 NFT를 의미한다.[137] 이러한 NFT는 블록체인 네트워크에서 인증된 웹3 아이템으로 고유성을 검증할 수 있다. 일부 PFP NFT는 특정 온라인 커뮤니티에 접근할 수 있는 권한도 제공한다.

프로필 사진 NFT는 정적 이미지에서 애니메이션이나 인터랙

137 https://opensea.io/learn/nft/what-are-profile-picture-nfts

티브 디자인까지 다양한 형태로 존재한다. 캐릭터를 기반으로 하거나 동물 형태를 취하거나 인간처럼 보이거나 추상적일 수 있다. 크립토펑크와 같은 초기 프로젝트로 시작된 PFP NFT는 2021년 초부터 온라인 공간에서 화제가 되었다. 크립토펑크는 2017년 이더리움 체인에서 출시된 최초의 PFP 컬렉션 중 하나로 라바 랩스의 창립자인 매트 홀(Matt Hall)과 존 왓킨슨(John Watkinson)은 그들이 개발한 소프트웨어를 사용해 1만 개의 고유한 NFT 컬렉션을 만들고 출시했다.

크립토펑크는 픽셀 아트 스타일의 예로 핵심 유형은 남성, 여성, 좀비, 원숭이, 외계인으로 분류된다. 이들 각각의 유형은 최대 7개의 특성(액세서리)을 가질 수 있으며 총 95개의 액세서리가 있다. 크립토펑크는 PPF 확산의 촉매제로 간주된다. 특히 PFP는 소셜미디어 이용자 커뮤니티의 관심을 받으며 점점 더 인기를 얻었다. 예컨대 지루한 유인원 요트 클럽(BAYC, Bored Ape Yacht Club), 멋진 고양이(Cool Cats), 두들(Doodles)과 같은 선도적인 프로젝트와 함께 PFP는 NFT 산업의 주류로 자리 잡았다.

2024년 1월 24일 nftnow.com 뉴스레터에 따르면 당시 비트코인이 4만 달러 아래로 하락하는 등 디지털자산 시장이 주춤한 가운데 잇단 크립토펑크 작품들이 이더리움 NFT 시장에 활력을 불어넣었다고 한다. 멋진 고양이와 두들이 각각 53%, 27% 상승하며 한 주를 시작으로 활발한 거래를 보였다. 한편 퍼기 펭귄(Pudgy Penguins)은 팀이 다가오는 주요 발표를 예고하면서 18이더까지 치솟으며 상승세를 이어갔다.

2023년 12월 기준 이더리움 블록체인과 오픈씨에 상장된 크립토펑크 NFT의 시가총액은 약 13억 달러였다. 구체적으로 크립토펑크 컬렉션은 전체 PFP 중 시가총액 1위를 차지했다. 지루한 원숭이 요트클럽 컬렉션(BAYC)은 시가총액 약 6억 9,500만 달러로 2위를 기록했다. BAYC 제작사인 유가랩스(Yuga Labs)는 NFT와 메타버스를 결합하여 웹3 미디어를 통합하는 대기업을 건설할 예정으로 알려졌다. 안데르센 호로위츠(a16z) 투자를 주도로 자금을 지속적으로 조달하고 있었다. BAYC 외에 라바랩스로부터 크립토펑크와 미비츠를 인수하며 글로벌 NFT 컬렉션과 메타버스 플랫폼과의 연결을 시도했다. 또한 구찌와 같은 유명 브랜드도 유가랩스와 협력하여 PFP 마케팅을 진행 중이었다 <그림 22>.

2024년 1월 초 BAYC 창작자들은 메타버스 프로젝트인 어더사이드(Otherside)의 세 번째 플레이 테스트인 트립(Trip) 3의 예고편을 X(트위터)에 공개했다. 트립 3 예고편은 초기 플레이 테스트 1과 2를 이어받아, 코다(KODA)로 알려진 작은 외계인 같은 아바타를 숲 위의 복숭아빛 석양과 절벽 위의 오두막을 배경으로 한 다양한 BAYC 캐릭터들과 함께 보여 주었다. 이는 PFP가 소셜미디어 계정에서 프로필 사진으로 사용되는 디지털 토큰에서 한 단계 더 나아가, 메타버스 기반 스토리텔링의 주인공으로 활용될 수 있음을 시사했다 <그림23>.

---

138 https://www.statista.com/statistics/1318782/market-cap-of-leading-pfp-nft-collections

<그림 22> 2023년 전 세계 유수의 PFP 컬렉션 시가총액

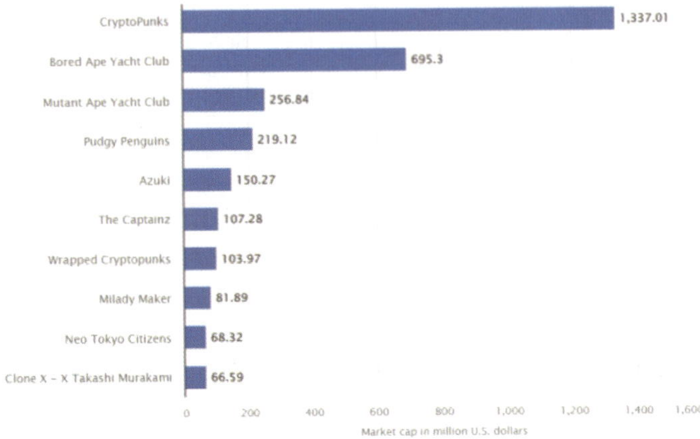

출처: 스타티사 리서치[139]

<그림 23> 아더사이드 X(트위터) 계정

출처: 아더사이드메타의 X(트위터)[139] (2024년 9월 30일 캡처)

---

139 https://x.com/OthersideMeta

<표 9>에서 나타나 있듯이 여러 개의 인기 있는 PFP들이 존재하지만 소셜 네트워크 관점에서 보면 이들이 BAYC를 중심으로 하나의 커뮤니티로 간주될 수 있다. 개별 프로젝트는 고유한 가치와 교환량을 가지고 있지만 사회적 차원에서 이들 모두는 주로 BAYC 컬렉션의 가치와 거래의 진화에 영향을 받는다.

<표 9> PFP NFT 이더리움 거래량과 트윗 메시지 유통량

프로젝트 (Project)	거래량(Volume)			거래수 Transactions Num.	%	트윗수 Tweets Num.	%
	ETH	USD	%				
크립토펑크 (CryptoPunks)	620,031.08	1,752,749,583.99	38.48	18,588	4.70	664,366	8.58
해시마스크 (The HashMasks)	40,930.74	83,239,880.08	2.54	35,323	8.93	69,326	0.89
지루한 유인원 요트 클럽 (Bored Ape Yacht Club)	277,928.22	941,285,168.64	17.25	33,455	8.46	3,061,178	39.51
미비트 (Meebits)	84,964.82	268,888,857.28	5.27	23,625	5.97	87,785	1.13
멋진 고양이 (CoolCats)	92,283.32	298,404,993.60	5.73	26,851	6.79	449,704	5.80
크립토 홀더스 (Crypto Holdlers)	809.96	1,887,87011	0.05	7,698	1.95	14,043	0.18
거터 캣 갱 (Gutter Cat Gang)	17,381.66	53,049,411.44	1.08	9,384	2.37	423,137	5.46
디 에일리언 보이 (The Alien Boy)	2,097.94	5,685,271.79	0.13	15,826	4.00	115,017	1.48

월드 오브 위민 (World of Women)	51,441.25	164,689,141.78	3.19	22,512	5.69	413,586	5.57
데드필라즈 (DeadFellaz)	19,008.37	64,879,647.97	1.18	31,410	7.94	129,089	1.67
0엔1폴스 (0N1 Force)	38,309.43	126,980,644.57	2.38	19,340	4.89	180,337	2.33
크리에이처월드 (Creature World)	31,513.54	107,940,615.40	1.96	24,612	6.22	115,467	1.49
크립토모리스 (CryptoMories)	11,745.86	41,532,353.10	0.73	24,152	6.36	388,013	5.01
메카버스 (MekaVerse)	44,552.30	162,397,286.41	2.76	13,327	3.37	219,593	2.83
두들스 (Doodles)	89,405.03	308,007,309.25	5.55	20,824	5.27	515,229	6.65
엠퍼스 (mfers)	26,077.74	77,737,051.08	1.62	20,827	5.27	702,103	9.06
에일리언 프렌즈 (Alien Frens)	21,380.50	69,419,738.90	1.33	26,489	6.70	341,026	4.40
아즈키 (Azuki)	141,562.67	407,102,715.75	8.78	20,188	5.11	269,892	3.48
합계 (Total)	1,611,424.45	4,936,007,541.14		395,431		7,747,078	

출처: Casale-Brunet 등 (2022)을 바탕으로 저자가 한국어로 재구성.

한편 일론 머스크가 대표로 있는 X(트위터)는 유료(블루) 구독자가 NFT를 프로필 사진(PFP)으로 설정할 수 있는 옵션을 제거했다. X는 2022년 1월에 NFT PFP 기능을 출시했는데 이 기능은 구독자가 이더리움으로 주조된 이미지를 육각형 모양의 아바타로 표시할 수 있도록 했다. 하지만 PFP를 표시한다고 해서 실제로 해당 작품을 소유하고 있는지 확인할 수 있는 방법은 없었다. 따라서 X는 이미지의 진실성을 보장하기 위해 PFP 삭제 결정을 내린 것으로 보인다. 또한 X 플랫폼 내부에서 생산 및 유통되는 데이터와 콘텐츠에 대한 암호화된 인증을 통해 AI 기업들에게 정당한 저작권료를 지불하도록 하기 위한 목적도 있을 것이다.

NFT-PFP 국가주의와 K-콘텐츠 전략

한국과 미국의 SNS 사용자는 프로필 이미지를 통해 자신의 생각이나 감정을 표현하는 태도에 차이가 있다.[140] 구체적으로 말하면 미국인에 비해 한국인은 자신을 소개하는 프로필을 중요한 사적 정보로 여기는 경향이 있었다. 미국인의 온라인 프로필에서는 개인을 식별하거나 최소한 신원에 대한 아이디어를 얻을 수 있다. 자기 식별 정보를 생략함으로써 한국인은 시각 자료와 같은 간접적인 표현 수단에 의존하는 모습을 보였다. 한국인은 애완동물이나 연예인 등 제3자의 프로필 사진이나 온라인 성격 테스트 같은 시각 자료를 보여주었다.

미국, 인도, 일본의 트위터 사용자들을 대상으로 수행한 연구에 따르면[141] 트위터 프로필에서의 자기공개를 익명성 의식 및 사용 목

---

140 Cho, S.E., & PARK, H.W. (2012). A qualitative analysis of cross-cultural new media research: SNS use in Asia and the West. Quality & Quantity, 47, pp. 2319-2330.

141 Tominaga, T., Hijikata, Y., &Konstan, J.A. (2018). How self-disclosure in Twitter profiles relate to anonymity consciousness and usage objectives: a cross-cultural study. Journal of Computational Social Science, 1, pp. 391-435.

표와 관련하여 문화간 차이가 존재하였다. 인도 사용자들은 미국과 일본 사용자들에 비해 개인정보를 공개할 가능성이 높고 익명성에 대한 의식이 약한 것으로 나타났다. 또한 미국 사용자들은 자신의 홈페이지 링크를 공개하는 경향이 있었고 일본 사용자들은 자신을 트위터에 광고할 때 자신의 소속을 공개하는 경향이 있었다.

또한 다른 연구 결과를 보면[142] 미국과 달리 한국인 대부분은 SNS 계정을 개설하기 위해 사용자가 제공한 정보를 기반으로 가입한 플랫폼에서 자동으로 작성한 항목을 주로 사용했다. 이는 국가 기반 문화권의 차이에 기인한 것으로 보인다. 호프스테드(Hofstede)의 문화적 분석에 따르면 한국과 미국을 포함한 여러 나라의 문화적 차원이 디지털자산 채택 현상에도 부분적으로 영향을 미칠 수 있다.

<그림 24>에 나타나 있듯이 한국은 불확실성 회피 성향에서 미국보다 거의 2배 높은 점수를 기록하며 이는 한국인들이 사회의 미래에 대한 불확실성을 더욱 강하게 느끼고 있음을 나타낸다. 이러한 문화적 성향은 한국에서 불확실성을 피하려는 경향이 강함을 보여 주며 불안을 다루는 방식에서도 차이가 나타난다. 따라서 불확실성 회피가 높은 문화권에서는 모호하거나 알려지지 않은 상황에 대해 위협을 느끼며 이로 인해 실용적인 접근 방식을 선호하고 개인정보에 대한 강력한 보호적 태도를 지닐 가능성이 높다. 이러한 특성은 PFP의 제작, 도입, 및 유통 과정에도 중요한 영향을 미칠 것이다.

---

142 Cho, S.E., & PARK, H.W. (2012). A qualitative analysis of cross-cultural new media research: SNS use in Asia and the West. Quality & Quantity, 47, pp. 2319-2330.

<그림 24> 한국과 미국의 문화적 차원 비교

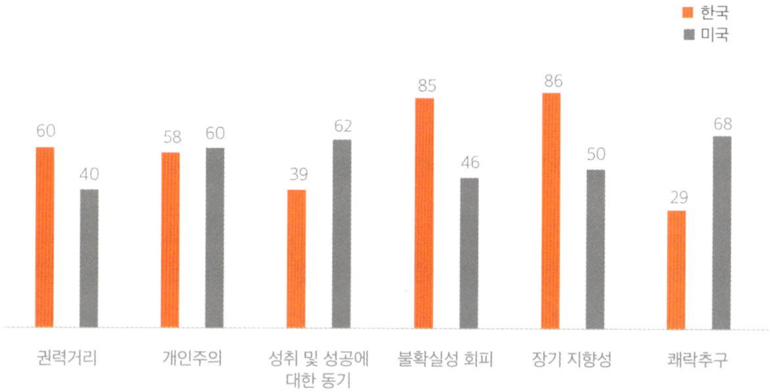

출처: 호프스테드 인사이트[143] 자료를 바탕으로 저자가 한국어로 재구성.

한편 사회적 교류를 목적으로 탄생한 소셜미디어는 시간이 지나면서 자기 표현의 공간이자 사회적 인맥 형성 수단으로 자리 잡았다. 인기 PFP 프로젝트인 아즈키(Azuki)와 빈즈(Beanz)의 제작사인 치루랩스(Chiru Labs)는 일본의 유명 애니메이션 감독 다니구치 고로(Gorō Taniguchi)와 손잡고 앤솔로지(anthology) 시리즈를 만들기 위해 파트너십을 체결했다. 이는 애니메이션 분야의 전통적인 선두국인 일본의 창작자들이 일본인뿐만 아니라 새로운 해외 소비자들에게 일본 스타일의 PFP를 선보일 수 있는 기회가 생겼다는 의미다.

웹3 기반 콘텐츠와 서비스는 한글, 한복, 한식과 같은 한국의 문화적 자산을 보존하는 데 중요한 역할을 할 수 있다. 이 자산들을

---

143 https://www.hofstede-insights.com/country-comparison-tool?countries=south+korea%2Cunited+states

NFT에 기록함으로써 디지털 공간에 영구적으로 보존할 필요가 있다. 현재 PFP 시장에서는 미국이나 일본 같은 다른 문화권의 창작자들이 활동하는 비율이 높아, 한국의 문화적 특성을 담은 'K-PFP'가 상대적으로 부족할 수 있다.

오픈씨에서 거래되는 한국과 일본의 NFT 아트를 비교 연구한 논문이 있다.[144] 이 논문은 특히 한국의 한글(훈민정음)과 일본의 간지(kanji) 문자를 포함한 예술 작품에 초점을 맞춘다. 연구에서는 컬렉션의 수와 시장 가격 같은 계량적 데이터뿐만 아니라 작품에 나타난 시각적 요소, 모티프, 문화적 주제, 미학적 선택 등 작가의 메시지를 분석하였다. 비교 결과 한국과 일본의 전통 문자가 포함된 NFT 아트의 전반적 가치가 상승하고 있었다. 이는 문화적 독창성과 희소성 덕분이다.

오픈씨에서 아시아 NFT 아트의 거래량과 가격이 꾸준히 증가하고 있으며 특히 특정 아티스트의 작품이 높은 인기를 끌고 있다. 또한 문화적 요인의 영향으로 한국과 일본의 문화와 전통이 반영된 NFT 아트는 글로벌 시장에서도 긍정적인 반응을 얻고 있다. 이는 아시아 문화의 확산과 인식 제고에 기여하고 있다. 그러나 일본과 비교할 때 한국의 작품들은 상대적으로 적은 거래량과 가격을 보이며 이로 인해 한국의 NFT 아트가 저평가되고 있음을 시사한다. 따라서 K-예술 작품의 가치와 문화적 영향을 높이기 위한 추가적인 노력이 필요하다 <그림 25>.

---

144 Ilijaš, A. (2023). A Comparative Study of the Value of Asian NFT Art on OpenSea: with a Focus on Art Incorporating Asian Characters, Rosa Journal, 1(2), pp. 1-15. https://doi.org/10.62478/irsk8266

<그림 25> 오픈씨(OpenSea)에 올라온 한글 NFT

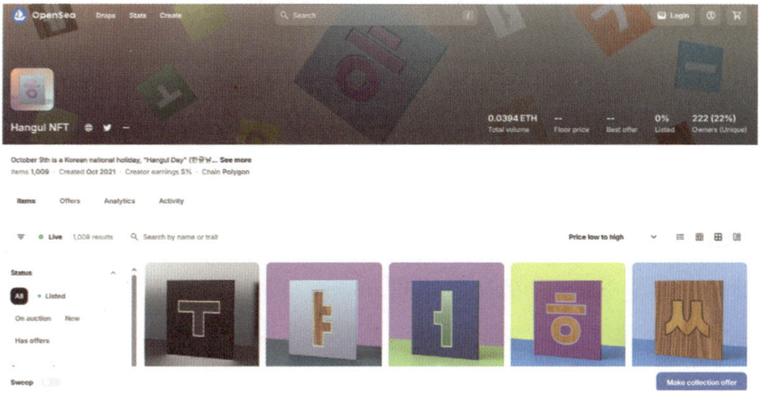

출처: 오픈씨[145]

웹3 기술을 기반으로 한 블록체인 세상에서 한류 문화자산을 지속적으로 이어가기 위한 글로벌 경쟁력을 확보하는 것은 어려울 수 있다. 특히 전통장인 및 디지털 기반 후속 세대가 거의 없다는 현실은 이러한 문제를 더욱 심화시키며 한국 문화의 지속 가능한 전달과 확산을 위한 전략적 접근이 필요함을 시사한다.

이러한 맥락에서 NFT-PFP에 대한 학계, 산업, 정책의 관심이 증가하고 있지만 NFT의 금융 경제학에 대한 관점만이 주를 이루고 있는 것을 지적하는 목소리도 있다.[146] NFT의 금융 효용에만 집중하는 것은 바람직하지 않으며 새로운 탐색적 의제를 제시하는 연구가

145 https://opensea.io/collection/hangul-nft

146 Baals, L.J., Lucey, B.M., Vigne, S.A., &Long, C. (2022). Towards a Research Agenda on the Financial Economics of NFT's. Available at SSRN: https://ssrn.com/abstract=4070710 or http://dx.doi.org/10.2139/ssrn.4070710

필요하다고 주장하였다. 예를 들어 NFT의 금융 특성을 고려한 문화 경제 분야의 연구가 가능할 것이라고 제시하였다. 문화 경제 분야에서 웹3와 NFT 연구를 활성화하려면 크립토 문명의 근본적 변화를 이해해야 한다.[147]

우리나라도 비트코인 및 이더리움 ETF의 승인과 함께 PFP 시장의 문을 여는 기회를 적극적으로 모색해야 한다. 특히 PFP는 순수 예술 중심의 NFT 마켓의 거래 메커니즘과 차이점이 있을 수 있으므로 이러한 차이점과 유사점을 밝혀내는 증거 기반 접근과 분석이 필요하다. 이러한 조사는 K-콘텐츠의 글로벌 시장 확대와 디지털 토큰의 한류화에 대한 미래 정책의 실마리를 제공할 수 있을 것이다.

호프스테드 지표를 통해 본 한국의 독특한 문화적 특성은 웹3 디지털 세상에서 한류 문화의 글로벌 영향력을 유지하고 확장하는 데 있어서 혁신을 중요한 요소로 부각한다. 혁신은 종종 불완전한 형태로 시작되며 초기 단계에서는 이전 기술보다 우월하다고 보기 어려운 경우가 많다. 예를 들어 초기 자동차와 총이 그랬듯이 이는 교육방송(EBS) '강제혁신' 다큐멘터리에서도 강조된 바 있다. 혁신의 성공은 뛰어난 아이디어나 정책 슬로건만으로 이뤄지는 것이 아니라 혁신적 기술의 가치를 실현할 수 있는 제도적 지원과 공적 권력의 적극적인 개입에 의존한다.

이를 위해 한국은 '디지털자산혁신센터'를 설립하고 이곳에서 K-NFT의 활성화를 촉진할 제도적 장치를 마련해야 한다. 정책당국

---

147 Kim, D., & Kokuryo, J. (2024). Establishing altruistic ethics to use technology for Social Welfare—How Japan manages Web3 and self-sovereign identity in local communities. Electronic Markets, 34(6), pp. 1-12.

의 리더십이 중요하며 혁신을 위한 적극적인 지원과 파격적인 보상 체계를 통해 초기 사용자, 큐레이터, 크리에이터, 플랫폼 운영자 등의 참여를 유도해야 한다. 이는 단순히 애국심에 호소하는 계몽적 접근을 넘어서 실질적인 지원과 인센티브를 제공하는 것을 의미한다.

재원은 정부 및 공공기관의 역량에 의존하며 이러한 지원 없이는 디지털 한류의 지속 가능한 발전이 어렵다. 혁신적인 접근이 없다면 웹3 공간에서 한국의 존재감은 점차 희미해질 수 있다. 따라서 사람, 문화, 산업이 융합된 웹3 전략이 한국의 미래 비전을 형성하는 핵심이 되어야 한다. 이것이 한류를 웹3 디지털 시대에 걸맞게 혁신하고 세계적으로 확장하는 데 결정적인 역할을 할 것이다.

AI 주권의 등장과 소버린 체인의 필요성

국가들이 경제 발전을 위해 도로, 철도 같은 인프라에 투자하는 것처럼 인공지능(AI)도 비슷한 방식으로 큰 변화를 가져오고 경제적 이득을 줄 것으로 기대된다. 엔비디아의 CEO인 젠슨 황은 모든 국가가 '소버린 AI'(Sovereign AI) 즉 AI 주권을 가져야 한다고 말했는데, 이건 각 국가가 자체 인프라, 데이터, 인력을 활용해서 AI를 개발할 능력이 필요하다는 뜻이다.

소버린 AI는 국가가 AI를 자립적으로 만들고 운영할 수 있는 능력을 말한다.[148] 이 능력은 시장을 새롭게 재편하고 새로운 거버넌스(지배 구조) 모델을 만들고 산업을 변화시키는 데 중요한 역할을 한다.

---

148 엔비디아 블로그에서 AI 주권에 대해 정리한 내용을 참고 바람. https://blogs.nvidia.com/blog/what-is-sovereign-ai

AI 주권은 국가의 물리적, 데이터 인프라를 포함해서 현지 문화와 관행을 반영한 모델을 개발하는 데 기여할 수 있다. 예를 들어 자국어를 보존하거나 소프트웨어 코드를 작성하고 사기를 방지하는 등 다양한 분야에서 사용할 수 있다.

<그림 26>에서 보이듯 일렉트릭 캐피털의 조사 결과를 보면 크립토 개발자들의 지리적 분포는 세계적인 특성을 보이고 있다.[149] 개발자 생태계는 2018년 대비 2배로 성장했지만 미국 내 개발자의 비율은 40%에서 26%로 즉 14%p 감소했다. 특히 개발자들은 북미와 유럽 지역을 떠나 다른 지역으로 이동하고 있다. 2018년 이후 북미, 북유럽, 서유럽, 호주 및 태평양, 동아시아 지역의 점유율은 23% 감소했다. 반면 남아시아, 라틴 아메리카, 동유럽, 서아프리카 및 남유럽 지역에서는 점유율이 20% 증가했다.

<그림 26> 2018년 대비 국가별 개발자 점유율 증가 및 감소 비율

2018년 이후 의미 있게 바뀐 개발자 분포

미국, 독일, 호주, 영국, 캐나다의 점유율은 줄어든 반면 인도, 나이지리아, 프랑스, 아르헨티나의 점유율은 증가

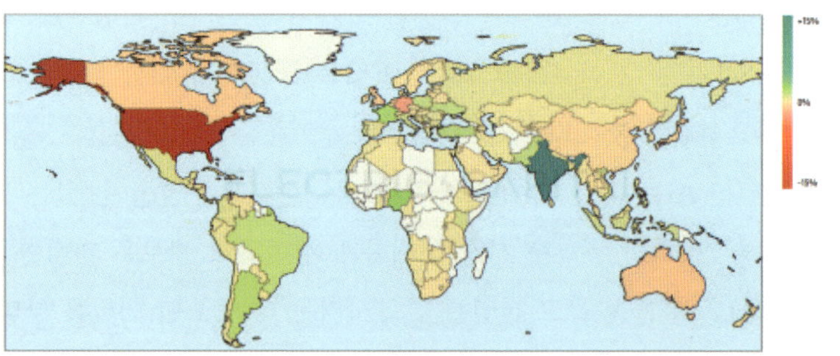

출처: Electric Capital (2024) 저자가 한국어로 재구성.

149 Electric Capital (2024). 2023 Crypto Developer Report. https://www.developerreport.com/developer-report

이것은 웹3 기술 개발이 특정 국가나 지역을 넘어 글로벌 차원에서 퍼져나가고 있음을 보여 준다. 이러한 상황은 웹3 기술이 단순한 기술적 혁신을 넘어 한 나라의 경제적, 사회적, 정치적 영향을 미칠 수 있음을 의미한다. 특히 빅데이터와 인공지능 및 블록체인 기술이 결합되면 해외의 웹3 기업들이 한국의 이용자 성향 및 관련 데이터를 독점할 가능성도 있다.

우리나라는 변화에 대응하기 위해 소버린 AI와 같이 자립적으로 웹3 기술을 개발해 독립성을 유지하고 데이터 주권을 확보하며 자국의 이익을 보호할 필요가 있다. 웹3가 탈중앙화를 통해 수평적 소통과 자율적 보상 체계를 추구한다고 하지만 투자 자본의 특성상 이용자를 수단으로 삼을 가능성도 크다. 그러나 우리 정부는 여전히 중앙 집중형 인터넷 모델에서 벗어나 매개자가 있는 분산화된 모델이나 완전히 탈중앙화된 모델로 전환해야 한다는 필요성을 충분히 인식하지 못하고 있다.

인터넷을 혁신하고자 하는 개발자, 투자자, 이용자 등이 지금 이 순간에도 세계 곳곳에 존재한다. 비트코인 및 이더리움 ETF 이후 커져 가는 웹3 및 NFT 시장에서 우수한 콘텐츠를 갖춘 디지털 산업의 주도권을 잡기 위해 우리나라도 적극적으로 움직여야 한다. 그동안 웹3 분야에서 앞서던 미국을 추월하기 위해 인도 등이 열심히 질주하는 이유는 NFT-PFP 산업의 잠재력이 크고 국가 경쟁력에 중요한 영향을 미치기 때문이다.

ChatGPT 이후에 AI 국가주의가 나타났듯이 지역의 창작자들과 협력하여 NFT 분야에 다양한 K-콘텐츠를 제공하려는 '소버린 체인' 전략이 필요하다. 소버린 체인은 소버린 AI와 유사하게 각 국가가 자체 메인넷과 인력을 활용하여 웹3 기술을 운영하고 가상자산과 디지털 토큰을 생산할 수 있는 능력을 의미한다. 이는 국가들이 자주적으로 디지털 경제와 블록체인 기술을 주도하며 자국의 데이터와 자산을 보호하고 증대할 수 있는 방법으로 강조된다.

특히 우리나라는 미국에 소재한 빅테크 기업에 점유 당하는 유럽이나 호주와는 다른 상황이다. 검색엔진, 소셜미디어 전자상거래 등에서 자국 플랫폼 기업을 보유하고 있다. 하지만 유럽과 마찬가지로 실리콘밸리 기업들에게 시장이 잠식당하고 있으며 최근에는 알리, 테무 등 중국 플랫폼 기업들도 우리 시장에 많이 진출해 있다. 따라서 웹3 기술 기반의 치열한 경쟁이 아직 시작되지 않은 지금, 자국 디지털 기업을 보호하고 성장을 지원하기 위해 소버린 체인을 발굴하고 육성하여 글로벌 기업과 경쟁에서 생존할 수 있도록 해야 한다.

또한 서울을 넘어선 지방에서 꿈을 키우는 NFT 기반 애니메이션과 스토리텔링 감독 및 캐릭터 아티스트와 함께할 수 있는 웹3 기반 혁신적인 청사진을 고민해야 한다. NFT 분야에서 한국의 창작 생산성 향상이 높아지기 위해서라도 체인 주권이 필요하기 때문이다.

따라서 정책 입안자들은 이러한 웹3 기술 프로젝트를 주도하는 개발자들의 지리적 분포의 변화와 그에 따른 시장의 다양화를 인식하고 효과적인 전략을 수립하는 데 관심을 기울여야 할 필요가 있다.

사례 분석: 스포츠의 초개인화와 팬토큰 거버넌스

스포츠에 불고 있는 팬토큰과 NFT

월드컵과는 비교할 수 없지만 2024년 아시안컵에 대한 축구팬들의 관심이 어느 때보다 높았다. 유럽 리그에서 활약하는 손흥민, 김민재, 이강인 등의 영향으로 세계 각지에서 한국 축구에 관심이 높아졌기 때문이다. 이강인의 프랑스 소속팀은 한국 팬들의 기념품 구매 등이 구단 마케팅팀의 예상을 뛰어넘는 수익을 올리자 놀라움을 금치 못하고 있다. 누구나 스포츠 경기 현장에서 선수의 플레이를 보고 싶어 하지만 해외 팬들은 지리적 거리로 인해 자신이 좋아하는 선수나 팀과 직접 소통할 수 있는 방법이 많지 않다.

팬토큰, NFT 등과 같은 디지털자산은 스포츠 팬들이 좋아하는 선수, 구단, 리그와의 관계를 보다 밀접하게 만드는 새로운 방식으로 자리 잡았다. 블록체인 기업 칠리즈(Chiliz)는 축구를 비롯한 스포츠 팬덤 집단을 대상으로 팬토큰(fan token)을 발행하여 성공을 거두었다.[150] 칠리즈는 팬토큰의 발행과 운영을 위한 독자 플랫폼인 소시오시(Socios)도 구축했다. <그림 27>을 보면 칠리즈가 구축한 팬토큰 생태계는 인프라, 커뮤니티 앱, 거래소, NFT, 검증자, 지갑회사, 분산금융(DeFi) 등의 다양한 이해관계자로 구성되어 있다.

---

150 두나무 (2023). 칠리즈 팬토큰. 디지털자산보고서, 12월호.

<그림 27> 칠리즈가 구축한 팬토큰 생태계

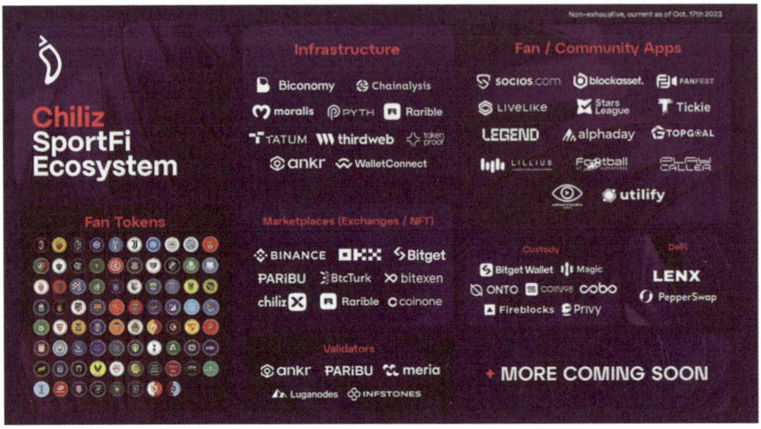

출처: 칠리즈 미디엄닷컴[151]

소셜미디어나 클럽 멤버십 프로그램과 같은 기존의 팬 참여 채널은 주로 일방향 소통에 기반하여 클럽이 업데이트, 뉴스, 콘텐츠를 제공하고 팬은 이를 소비하는 방식이었다.[152] 사람들은 자신이 좋아하는 스포츠팀의 팬토큰을 소유함으로써 소속감을 느낄 뿐만 아니라 진정한 팬임을 증명할 수 있게 되었다. 사인회 참여, 베스트 플레이어 선정, 경기장 티켓 등의 이벤트 투표에 직접 참여할 수 있는 권리도 얻게 되었다. 따라서 이제는 팬토큰, NFT와 같은 웹3 미디어 기반의 기술 인프라 및 데이터 관리 능력에 대한 관심과 노력이 필요하다.

---

151 https://medium.com/chiliz/chiliz-unveils-sportfi-ecosystem-with-25-key-partnerships-empowering-sports-brands-to-launch-d2869bccc47c

152 https://medium.com/chiliz/as-a-recent-deloitte-report-shows-web3-technology-is-proving-its-potential-to-support-the-next-4ebf1573c044

칠리즈의 트위터 공식 계정에는 스포츠파이(SportFi)의 선두주자임을 내세우고 있다. 팬토큰과 NFT는 스포츠 팬들이 구단과 소통을 활성화하고 투자 수익을 창출할 수 있는 새로운 가능성을 제시한다. Z세대(1997-2009년생)와 밀레니얼 세대(1983-1996년생)는 스포츠에서 NFT와 팬 토큰에 앞 세대와 비교하면 어느 정도 익숙한 편이다. 그러나 코로나19 팬데믹으로 인한 유동성 확대에 힘입어 2021년 디지털자산 시장이 정점을 찍은 이후, 시장 분위기는 완화되고 전반적인 매출, 활동, 자산의 시장 가치는 조정을 받고 있다 <그림 28>.

<그림 28> 칠리즈 X(트위터) 공식 계정

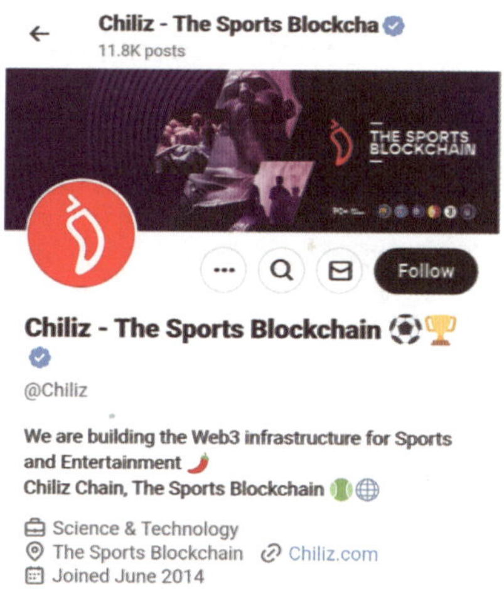

출처: 칠리즈 X(트위터) 계정[153] (2024년 11월 25일 캡처)

2023년 1월 9일 기준 세계에서 가장 시장 가치가 높은 10대 축

153 https://twitter.com/Chiliz

구 클럽은 FC 바르셀로나, 레알 마드리드 CF, FC 바이에른 뮌헨, 맨체스터 유나이티드 FC, 리버풀 FC, 맨체스터 시티 FC, 첼시 FC, 아스날 FC, 파리 생제르맹, 토트넘 홋스퍼 FC의 순서다.[154] 그러나 2024년 1월 18일 기준으로는 팬토큰의 시가총액이 이강인의 소속팀 파리 생제르맹이 FC 바르셀로나를 앞서고 1위를 차지하고 있는 것으로 나타났다.

2022년 11월에는 파리 생제르맹의 시가총액이 FC 바르셀로나보다 2,000만 달러 이상 높았다.[155] 하지만 2024년 1월에는 300만 달러로 그 차이가 크게 줄어들었다. FC 바르셀로나의 팬토큰은 바이낸스에 상장된 후인 2021년 4월에 특히 인기를 끌면서 그 무렵 시가총액이 급격히 성장했다. 파리 생제르맹은 아르헨티나 축구 스타 리오넬 메시가 계약금의 일부로 팬토큰을 받았다는 보도가 있으면서 팬토큰의 인기가 높아졌다 <그림 29>.

<그림 29> 팬토큰 가격과 유통량

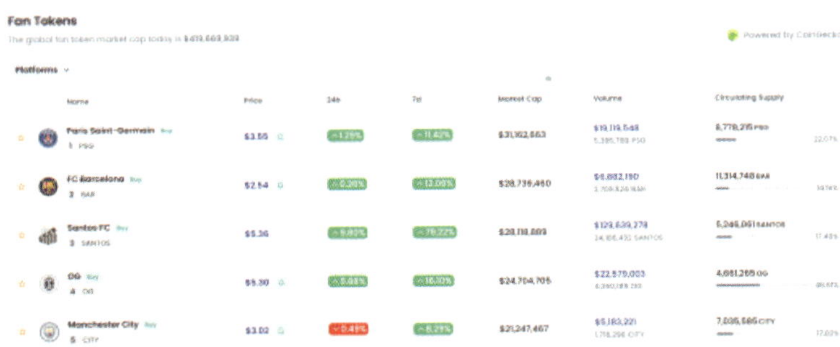

출처: 팬마켓캡닷컴[157]

154 https://sportsvirsa.com/most-valuable-football-clubs

155 https://www.statista.com/statistics/1265400/nft-fan-token-market-cap-in-football-soccer

칠리즈 체인에서 유통되는 파리 생제르맹 팬토큰의 가격은 3.54달러이며 시가총액은 3,098만 7,099달러다. 역대 최고 기록은 2021년 4월 27일의 58.79달러고 역대 최저 기록은 2023년 10월 19일의 2.77달러다. 현재 공급량은 877만 8,215개며 총공급량은 3,978만 개다. <그림 30>

<그림 30> 파리 생제르맹 팬토큰 가격 추이

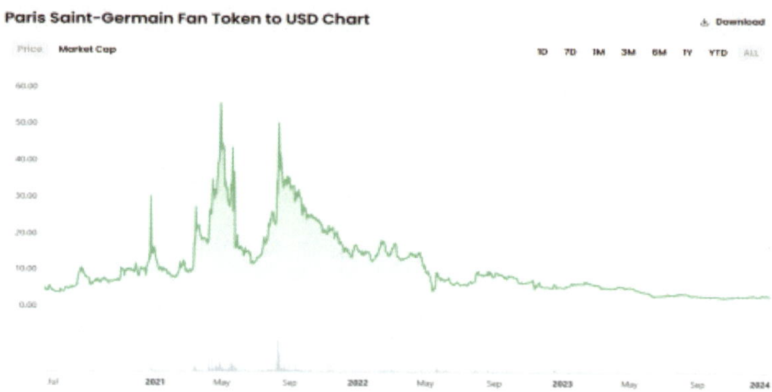

출처: 팬마켓캡닷컴[157]

팬토큰과 NFT의 확산이 스포츠를 초개인화로 이끌다

젊은 세대 사이에서 팬토큰에 관심이 증가하고 있다.[158] Z세대(1997-2009년생)와 밀레니얼 세대(1983-1996년생) 스포츠 팬의 약 40%가 스포츠에서 NFT와 팬토큰의 사용에 매우 익숙하거나 어느 정도 익숙

156 https://www.fanmarketcap.com

157 https://www.fanmarketcap.com/tokens/paris-saint-germain-fan-token

하다고 답했다. 라이브 스포츠 이벤트에서 무료 프리미엄 좌석을 얻을 수 있는 무작위 기회가 제공된다면 팬토큰을 구매할 가능성을 묻는 질문에 스포츠 팬의 60%가 해당 혜택이 제공된다면 팬토큰을 구매하겠다고 답했다. 이는 Z세대와 밀레니얼 스포츠 팬의 거의 4분의 3에 해당한다. 기타 관심 있는 혜택으로는 무료 독점 상품, 팀 투표, 게임 및 퀴즈 참여, 선수와 함께하는 독점 이벤트 참여 등이 포함되었다.

그러나 딜로이트 설문 조사에 응한 스포츠 팬의 약 5%만이 지난 12개월 동안 스포츠 또는 운동 관련 NFT와 팬토큰을 구매하거나 받은 적이 있다고 응답했다. 이는 NFT 및 팬 토큰이 여전히 틈새시장임을 보여 준다. NFT에 익숙한 사람들이 'NFT의 가치는 무엇이라고 생각하십니까?'라는 질문에 응답한 결과 익숙한 팬의 37%가 스포츠 NFT를 유행으로 32%는 투자로, 24%는 팬덤을 표현하는 재미로 보고 있었습니다. 이 결과는 디지털자산에 친숙한 젊은 팬들에게 NFT와 팬토큰이 그들이 좋아하는 특정 혜택을 제공할 경우 구매할 가능성이 높지만 디지털자산과 팬을 위한 혜택 사이에 명확한 연관성이 부족하다면 구매를 망설일 수 있음을 보여 준다.

디지털 기술의 발전으로 새로운 시대를 살아가는 팬들은 더욱 편리하고 (초)개인화된 스포츠 경험을 원한다. 이는 선수, 구단, 리그

---

158 https://www2.deloitte.com/us/en/insights/industry/media-and-entertainment/immersive-sports-fandom.html. 이 조사는 2023년 3월 독립적인 조사기관에서 실시되었으며 조사 대상은 미국의 스포츠 팬 3,004명으로 온라인 방법론을 사용했음. 모든 데이터는 팬들의 정서와 행동에 대한 대표적인 관점을 제공하기 위해 미국 14세 이상의 센서스 데이터를 기반으로 가중치를 부여했음.

가 기존의 중앙 집중식 소통 방식에서 탈피해 새로운 접근 방식을 고안해야 함을 시사한다. 팬들은 리그, 팀, 선수와 관련된 모든 활동에 직접 참여하고 스포츠 경기와 콘텐츠로부터 오락적 열정을 충족하기를 원한다. 팬들은 팬토큰을 통해 커뮤니티에서 목소리를 내고 투표를 통해 의사를 표현하며 팬과 팀의 쌍방향 소통에 참여하기를 요구한다. 팬토큰과 NFT를 직접 소유하여 투자 기회로서 이익을 얻고 경제적 보상을 달성했을 때도 자신이 좋아하는 클럽에 대한 애정을 더욱 키우게 된다.

소셜미디어, 가상현실, 인공지능 등 디지털 기술의 부상은 개인의 자아 정체성 형성에 새로운 차원을 도입했다. 집단적 경험으로만 여겨졌던 스포츠도 이제는 사회가 계속 개인화됨에 따라 새로운 도전에 직면하고 있음을 깨달아야 한다. 팬토큰과 NFT를 통해 팬과 팀이 상호작용하면서 개인은 좋아하는 선수나 팀을 매개로 자신의 역할을 생각하고 느끼고 의사소통하는 방식이 변할 수 있다. 스포츠 팀의 운영에 있어서 팬들의 자아 존중감의 발달 및 유지에 기여하는 데이터를 다양한 방식으로 수집하고 분석 결과를 조명하는 작업에 전념해야 한다. 팬들과의 단편적인 정보 제공에서 벗어나 다양한 관계적 맥락에 초점을 맞춘 개인화된 의사소통과 경험을 제공할 수 있어야 한다. 그리고 이 과정에서 팬토큰과 NFT를 기반으로 한 응용 디지털 환경에서 팬들의 자아 관련 데이터를 수집하여 새로운 소통 접근을 추구해야 한다.

3부 | 웹3 기술과 민주주의

6장 | DAO를 통한 공중의 참여

웹3 기술로 탄생한 자율적 커뮤니티

DAO의 유형과 사례들

DAO를 둘러싼 이슈와 미래 전망

대의 민주주의에서 직접 민주주의로

7장 | 웹3 기술과 민주주의를 향하여

웹3 공간에서 디지털 격차와 리터러시

웹3 기술과 크립토 민주주의의 현재

웹3 기술로 탄생한 자율적 커뮤니티

DAO의 등장과 개념적 유형

DAO(DAO, Decentralized Autonomous Organization)는 인터넷을 통해 개인이나 특정 집단의 이익을 넘어서 더 큰 목표를 추구하는 자율적 조직이다.

이더리움은 DAO 홈페이지를 통해 전통적 조직과의 차이점을 명확히 설명한다. DAO는 분산된 자율 조직으로 중앙 집중식 관리가 없는 플랫폼이다. 이에 반해 전통적 조직은 계층적 구조를 가지고 있어 상위 관리자가 의사 결정 권한을 집중적으로 행사한다. 이더리움 기반의 DAO는 투명성과 참여도를 높이는 반면 전통적 조직은 명확한 지휘 체계와 빠른 의사 결정이 가능하다. 이 두 구조의 비교를 통해 각각의 장단점을 이해할 수 있다 <표 10>.

<표 10> 이더리움과 DAO: 전통적 조직과의 비교 분석

항목	DAO	전통 조직
소통 구조	평평하고 민주화	계층적
의사 결정	회원들의 투표가 자동 집계되고 코드로 실행	투표 없이도 가능하며 투표 허용하면 수동적 처리
서비스 제공방식	분산 방식으로 자동화	수동적 조작 중앙 제어식 자동화
활동의 개방성	투명하고 완전히 공개	일반적 공개 대상이 제한

출처: 이더리움 DAO[159]를 바탕으로 저자가 한국어로 재구성.

DAO가 민주적이고 공개적이며 분산적으로 자동 운영될 수 있는 까닭은 핵심에 스마트 계약이 자리 잡고 있기 때문이다. 스마트 계약은 조직의 규칙을 정의하고 그룹의 자금을 관리하는 역할을 한다. 일단 이 계약이 블록체인에서 실행되면 투표를 제외하고는 규칙 변경이 불가능해진다. 코드에 명시되지 않은 어떤 시도도 실패로 끝날 것이며 금고 관리도 스마트 계약에 따라 이루어지므로 승인 없이 자금을 사용할 수 없다. 이는 DAO가 중앙 권한 없이 운영될 수 있다는 것을 의미하며 그룹의 투표로 결정이 내려지고 승인되면 자동으로 지급이 이루어진다.

스마트 계약이 이더리움과 같은 블록체인에서 활성화되면 변조를 방지할 수 있어 DAO의 운영이 민주적이고 투명하게 이루어진다. 모든 것이 공개되므로 누구도 몰래 코드를 수정할 수 없다. 이더리움과 같은 충분히 탈중앙화된 블록체인에서만 스마트 계약이 완벽하

159 https://ethereum.org/en/dao

게 기능할 수 있다. 블록체인 내부의 합의 메커니즘이 충분히 분산되어 있지 않다면 DAO 회원은 네트워크를 신뢰할 수 없다. 스마트 계약 코드는 소유자조차 임의로 변경할 수 없으며 이는 DAO가 설정한 프로그래밍 규칙에 따라 안정적으로 작동하도록 보장한다. 특히 자금 거래가 가능한 스마트 계약의 경우 이러한 보호 장치가 없다면 자금 관리에 필요한 신뢰를 확보할 수 없다.

이 DAO 조직은 크립토 기반 스마트 도시 개발, 오픈소스 소프트웨어 개발, 미국 헌법 구매를 위한 크라우드펀딩 등 공공적 목적을 지닌 커뮤니티로 구성되어 있다. 예를 들어 <표 11>과 같은 활동이 이루어진다.

<표 11> DAO 활동 및 내용

활동	내용
자선 단체	DAO를 통해 사용자는 전 세계 누구에게나 기부를 받을 수 있으며 어떤 프로젝트에 자금을 조성할지 투표할 수 있다.
집단적 소유	DAO를 활용해 사람들은 물리적 자산이나 디지털자산을 공동 구매하고 이 자산의 사용 방법에 대해 회원들이 투표할 수 있다.
벤처 및 보조금	DAO를 이용해 사용자는 투자 자본을 모집하고 벤처 펀드를 조성할 수 있다. 이 펀드는 투자된 벤처에서 회수된 자금을 회원 간에 재분배하는 방식으로 운영된다.

이더리움 DAO 홈페이지에서 소개한 아래 내용은 몇몇 중요한 DAO 유형을 더 명확하게 이해할 수 있도록 도와준다.

① 거버넌스에 초점을 맞춘 DAO

DAO를 관리할 때 투표 및 제안 시스템은 매우 중요한 역할을 한다. 첫째, 위임(delegation)은 DAO에서 대의민주주의의 형태를 취한다. 토큰 보유자는 투표를 위임함으로써, 프로토콜 관리와 정보 유지에 전념하는 특정 사용자를 지명한다. 예를 들어 닷이스(.eth)로 끝나는 이더리움 도메인을 관리하는 DAO 커뮤니티의 거버넌스 토큰 ENS(Ethereum Name System) 보유자들은 투표를 위임하여 대표자를 선정할 수 있다. 둘째, 많은 DAO에서는 트랜잭션이 자동으로 실행될 수 있도록 구성원의 정족수 찬성이 요구된다. 예를 들어 나운스(Nouns) DAO는 의결 정족수를 충족하고 다수결이 찬성하면 트랜잭션이 자동으로 실행되는 시스템을 사용한다. 셋째, 멀티시그(multi-sig) 거버넌스는 DAO서 중요한 역할을 한다. 수천 명의 투표 회원이 있을 수 있지만 신뢰할 수 있는 소수의 활동적인 커뮤니티 구성원이 공동 지갑을 통해 자금을 관리하고 투표 이후에 의사 결정사항을 실행한다.

② 멤버십에 초점을 맞춘 DAO

DAO의 멤버십 모델은 다양하다. 토큰 기반 멤버십은 가장 일반적인 형태로 이 토큰은 대부분 탈중앙화된 거래소에서 자유롭게 거래될 수 있다. 멤버십의 형태에 따라 투표 방식과 DAO 운영에 참여 방식이 결정된다. 예로 메이커(Maker) DAO는 MKR 토큰을 사용하며 이 토큰은 거래소에서 구매할 수 있고 토큰 보유자는 메이커 블록체인 프로토콜의 미래에 대한 투표권을 갖는다.

③ 주식에 초점을 맞춘 DAO

주식 기반 DAO는 멤버십이 주식 형태로 이루어져 있으며 이는 직접적인 투표권과 소유권을 제공한다. 이 모델은 주로 자선 단체, 근로자 단체 및 투자 클럽에서 사용된다. 예를 들어 몰로크(Moloch) DAO는 이더리움 프로젝트에 자금을 지원하는 데 중점을 두고 있다.

④ 법에 초점을 맞춘 DAO

기존 법률을 개정하거나 새로운 법을 제정하여 기업가의 책임을 제한하고 보호하려는 DAO다. 시티DAO의 초기 사례로서 미국 와이오밍를 포함한 몇몇 주와 버진 아일랜드는 DAO에 법적 틀을 제공하기 위해서 시도했다. 와이오밍 시티DAO는 와이오밍의 DAO 법률을 이용해 옐로스톤(Yellowstone) 국립공원 인근 땅을 구매했다.

정리하면 여러 유형의 DAO가 있지만 필요한 웹3 블록체인 기반 기술은 <그림 31>과 같이 표현할 수 있다. DAO에는 탈중앙화된 블록체인 네트워크가 필수적이다. 이 기술은 DAO의 자율 운영을 위한 모든 조정 메커니즘을 가능하게 한다. 다음으로 회원 자격을 제공하고 검증하는 토큰이 필요하다. 이러한 토큰은 중요한 회원 정보를 담아 구성원이 조직의 일원임을 증명하고 활동할 수 있게 한다. 또한 DAO 회원의 투표 권한을 나타내는 디지털 토큰도 중요하다. DAO는 자원을 할당하고 제안을 제출하며 조치를 실행하기 위해 회원들의 투표가 필요하다. 마지막으로 이러한 회원 및 투표 토큰은 블록체인 네트워크의 스마트 계약을 통해 재무 관리가 자동으로 이루어진다.

<그림 31> 여러 DAO에 사용되는 웹3 핵심 기술

출처: ChatGPT를 이용해 저자가 생성.[160]

DAO를 둘러싼 이론적 관점들

DAO와 블록체인에 대한 네 가지 이론적 관점을 소개하면[160] <표 12>와 같이 거래 비용 이론(transaction cost theory), 집단행동을 위한 제도 이론(theory of institutions for collective action), 대리인 이론

160 Santana, C., & Albareda, L. (2022). Blockchain and the emergence of Decentralized Autonomous Organizations (DAOs): An integrative model and research agenda. Technological Forecasting and Social Change.

(agency theory), 그리고 사회물질성 이론(sociomateriality theory) 등이 있다. 첫 두 이론은 새로운 제도 경제학에 기반을 두고 있으며 나머지 두 이론은 새로운 형태인 DAO를 이해하고 탐구하기 위한 연구자들의 노력 결과로 볼 수 있다.

첫 번째 관점은 거래 비용 이론이다.

이는 DAO와 웹3에 적용되는 주요 관점으로서 새로운 경제 활

<표 12> 웹3 기반 DAO에 대한 이론적 입장의 비교

이론	접근 관점	연구 경향 및 빈틈
거래 비용 이론	DAOs는 완전한 계약 모델을 제시해 투자자들 사이의 불확실성과 기회주의를 줄인다. P2P 거래를 위해 탈중개 경제 거버넌스의 대안을 제공함으로써 경제적 협조와 관련된 거래 비용을 줄인다.	주요 연구 주제는 제도 변화와 자본주의의 변화다. 그러나 연구의 빈틈이 존재한다. 예를 들어 스마트 계약의 영향, DAOs로 인해 새롭게 생김 거래 비용, '코드가 법이다'의 영향, 제도적 암호경제가 자본주의/DAO/노동/은행규제에 미치는 영향, 비즈니스/민주주의/사회에서의 계층 구조 변화와 탈중앙화, 분산된 신뢰와 탈중앙화된 권력의 영향, DAO 실험에서의 책임 개념 등이 있다.
집단 행동을 위한 제도 이론	DAO는 집단 행동 원칙에 따라 작동한다. 가상 커뮤니티 구성원들은 소프트웨어 프로토콜을 관리하는 규칙을 설계하고 논의하며 투표하는 집단 선택 방식을 채택한다. 또한 공유 자원의 교환을 검증한다.	연구 주제는 제도적 규칙과 거버넌스다. 연구 빈틈은 다음과 같다. 단체행동을 위한 조직화, 새로운 자원 풀의 영향: 가상자산과 토큰 경제학, 집단 행동과 새로운 권력 관계 및 새로운 계층 구조를 위한 제도로서의 DAO, DAO 내부에서 사람 및 기계와 관련된 거버넌스, 새로운 디지털 형태를 지닌 집합적 의사 결정 및 의결권, 주목을 끌기 시작하는 집단 협약 및 스마트 계약, DAO에 관한 윤리적 문제, DAO가 민주주의에 미치는 영향 등이다.

대리인 이론	DAO는 주인-대리인 관계에 대한 새로운 접근 방식을 도입한다. 대리인이 분산된 컴퓨터 네트워크의 협력으로 자동화되기 때문이다. 이는 대리인의 자기 이익 문제를 줄여 도덕적 해이로 인한 대리인 갈등을 완화한다.	주제는 커뮤니티 거버넌스: 역할들의 관리다. 빈틈은 온체인/오프체인 활동, DAO에서 자동화된 주인-대리인 관계의 영향, 인간-기계 대리인, 권력 분배, 토큰 보상 및 평판, 분산 원장과 스마트 계약으로 인간 감독 대체, 새로운 형태의 추론과 의사 결정 등이다.
사회 물질성 이론	DAO의 사회적 및 물질적 대리인은 상호 연결되어 새로운 조직 설계를 만들어낸다. 이는 P2P 커뮤니티가 인간의 개입 없이도 활동할 수 있게 한다. DAO의 사회물질성은 다음을 포함한다. (1) 사회물질적 실천과 상호작용 (2) 인간-기계 대리인 (3) 제도적 변화.	연구 초점은 인간-기계의 얽힘(entanglement)이다. 연구의 빈틈은 첨단 정보 기술과 블록체인 기술 발전이 인간-기계 대리인에 미치는 영향, 퍼포머티비티(performativity): DAO에서 인간-기계 대리인과 조직 설계의 진화, DAO에서의 노동, DAO에서의 행위자 네트워크 실천과 상호작용, 제도적 변화 등이다.

출처: Santana & Albareda (2022) 바탕으로 저자가 한국어로 재구성.

동 조정 방식으로 접근하는 것이다. DAO가 시장 기반 거래 비용을 줄이는 능력 때문에 자본주의 경제 제도를 어떻게 변화할 수 있을지 탐구하는 것이다. 블록체인 기술은 경제시스템을 분산하며 시장, 계층, 관계형 계약 및 정부가 제공하는 경제적 조정을 대체할 수 있는 새로운 경제 조정 메커니즘을 촉진한다. 자체 실행 계약(스마트 계약)에 기반한 새로운 유형의 자동화된 계약을 개발하고 이에 기반한 자동화된 자율 조직(DAO)은 기존 제도의 불완전한 계약 문제인 기회주의와 불확실성을 극복한다. 중개인의 사용을 최소화하고 사기, 중재, 집행 비용을 줄이며 비용을 감소하게 한다.

그러나 이 접근법에는 중요한 한계와 연구의 빈틈이 있다. 예를 들어 비트코인과 같은 PoW 블록체인이 네트워크(개발자)에 의해 설계되었지만 소수 계층(채굴자)에 의해 실행되는 전통적인 시장이라고 주장한다. 따라서 진정한 분산화가 없다고 주장한다. 또한 블록체인과 DAO가 사용자가 데이터를 보호하고 암호 키를 통해 행동을 구현할 수 있게 하지만 낮은 성능, 높은 조정 비용 및 사용자에게 위험을 전가한다는 점도 지적한다.

추가로 세 가지를 주장한다.

- 스마트 계약의 사전 프로그래밍된 규칙 적용에서의 재량권 부족으로 인한 경직성
- 정보 중개인이 잘못된 데이터를 제공할 때 발생하는 오라클 규칙 비용
- 블록체인 프로토콜의 안전성과 신뢰성을 보장하기 위한 보안 비용 등 새로운 거래 비용 도입

또 다른 중요한 문제는 스마트 계약 설계자가 계약을 설계할 때 사기를 저지를 가능성으로 인한 사전 비용과 개발자, 채굴자, 사용자 간 분쟁과 같은 사후 사건이 스마트 계약으로 해결되지 않는 경우다.

두 번째 관점은 집단행동을 위한 제도 이론이다.

이것은 오스트롬(Ostrom, 1990)이 제안한 공유지 거버넌스를 바탕으로 한 이론이다.[162] 이 이론은 제한된 자원을 공유하는 지역 사회의 사용자 및/또는 소유자가 그 자원을 자치적으로 관리하기 위해 설계 원칙을 개발하는 방식을 설명한다. 디지털 환경에서 공동 자원

을 통합하는 과정은 항상 개방성과 무한한 복제 가능성으로 특징지어졌으나 블록체인은 분산된 거래 검증과 스마트 계약을 통해 개방형 디지털 환경에서의 경쟁을 해결한다.

이 관점에서 보면 DAO를 집단행동을 위한 제도로 연구하며 주요 요소로는 커뮤니티 자치, 가상자산/토큰의 공동 자원 풀, 스마트 계약의 설계 원칙, 소프트웨어 프로토콜과 분산 원장에 의해 개발된 자동화된 집단행동 및 프로그램된 규칙으로 인한 자기 이익 방지가 있다. 웹3 기술은 오픈 소스 소프트웨어 커뮤니티가 채택한 커뮤니티 기반 거버넌스 개념을 강화하지만 자동화된 규칙과 탈계층화를 포함한 분산화로 확장된다. 이는 기계적 합의 또는 온체인 거버넌스로 나타난다. DAO에는 커뮤니티 기반 거버넌스(오프체인 거버넌스)가 포함되며 이와 관련하여 주로 인간의 토론과 투표 규칙을 분석하는 데 중점을 둔다. DAO의 오프체인 메커니즘은 P2P 가상 커뮤니티가 설계 원칙을 논의, 제안 및 투표하는 집단 선택 배열로 간주될 수 있다.

세 번째 관점은 대리인 이론이다.

주인(소유자)이 대리인(관리자)에게 회사 내에서 계약을 통해 업무를 위임할 때 발생하는 문제를 설명하는 데 유용하다. 이 이론은 주인과 대리인이 정보의 비대칭성이나 이해 상충으로 인해 다른 목표와 위험에 대한 태도를 가질 때 발생하는 문제를 탐구한다. DAO에서는 스마트 계약의 결합을 통해 탈중앙화된 오픈 네트워크를 조정

---

161 Ostrom, E. (1990). Governing the Commons. Cambridge: Cambridge University Press.

하여 관리 계층의 통제와 권위를 대체한다. 특히 DAO는 중앙 권위의 존재를 부정하고 가상자산과 토큰을 보유한 가명 네트워크를 통해 소유권을 분산한다.

블록체인과 DAO는 사용자나 기여자(주인), 채굴자, 개발자(대리인) 간 관계를 자동화하고 블록체인과 DAO가 동일한 대리인 그룹을 나타내기 때문에 주인-대리인 문제를 해결하는 것으로 보인다. 스마트 계약과 합의 메커니즘은 소유권 및 관리 거버넌스 규칙을 인코딩하여 주인-대리인 관계를 자동화하고 당사자 간 기회주의적 행동을 줄이며 주인이 대리인을 감독하고 통제할 필요를 없애고 주인-대리인 관계에 영향을 미치는 모든 데이터의 무결성과 투명성을 제공한다. 이러한 효율성은 중개인 및 대리인과 관련된 비용을 줄인다.

이 이론에 대한 주요 반대 주장은 블록체인과 DAO에 적용될 때 주인-대리인 문제가 제거되는 것이 아니라 더 복잡해진다는 것이다. 블록체인과 DAO에서 대리인의 역할은 투자자의 감독을 필요로 하지 않는 자동화된 작업에 기반하지만 예를 들어 개발자의 권한이 증가하여 주인과 대리인 간 관계를 지원하는 소프트웨어의 개발을 감독하게 된다. 또 다른 문제는 채굴자 그룹이 블록체인을 장악하는 경우(51% 네트워크 공격), 거래와 스마트 계약을 역전시키고 투자자/사용자, 채굴자 및 개발자에게 시스템의 보안 위험과 오류를 초래할 수 있다는 점이다.

마지막 이론적 탐구는 사회물질성 이론에 기반을 둔다.

이 관점은 블록체인과 DAO의 상호작용을 이해하고 이를 통해 인간-인간 상호작용이 인간-기계 상호작용이나 기계-자동화된 규칙으로 확장되는 것을 탐구한다. 사회물질성 이론은 사회 영역이 기술의 사용을 어떻게 형성하는지, 그 반대의 경우도 어떻게 되는지를 연구한다. 이는 물질성과 제도적 변화를 결합하고 DAO가 새로운 실천과 상호작용, 인간-기계 대리인, 제도적 변화를 어떻게 생성하는지 분석한다.

블록체인과 DAO의 상호작용은 인간의 실천과 기술 경계 확장의 상호작용을 의미한다. DAO는 중앙 관리 없이 분산된 방식으로 집단 작업을 수행하기 위해 합의 알고리즘을 사용한다. 블록체인과 DAO 간 사회물질적 조합은 온체인(코드화된) 및 오프체인(인간) 거버넌스 메커니즘을 통해 새로운 형태의 인간-기계 대리인을 실험할 수 있게 한다. 이 조합은 가상자산과 토큰으로 지원되는 새로운 경제, 비즈니스, 사회, 민주주의 조직 설계를 가능하게 한다. DAO는 새로운 경제적 교환과 탈중앙화된 조직의 규범을 만들어내며 이는 단순한 기술이나 조직 설계를 넘어 집단행동에 기반한 새로운 규범을 나타낸다.

DAO에서는 세 가지 주요 사회물질성 구성 요소가 나타난다. P2P 담론적, 관계적, 물질적 실천과 상호작용을 분석하여 이 새로운 조직 형태의 과제를 탐구한다. 이러한 실천에는 토론, 의사 결정, 투표, 정보 공유, 토큰 보상, 거래, '코드는 법이다'와 책임성이 포함된다. DAO에서 인간과 기계 대리인의 상호작용을 분석하여 분산되고 자동화된 대리인에 대한 새로운 질문을 제기하고 새로운 계층 구조를 분석한다. DAO 대리인은 권력 분배와 통제, 새로운 형태의 작업, 리더십, 거버넌스 및 의사 결정을 정의하는 데 중점을 둔다. 또 가상자산 교환과 토큰 보상을 통해 인간 협력과 경제적 상호작용을 이끄는 새로운 조직 규범을 창출한다. DAO는 새로운 형태의 비즈니스와 경제적 교환을 가능하게 하며 제도적 변화와 분산된 민주적 거버넌스를 추진한다. 그러나 이러한 변화는 DAO 규제 및 책임에 대한 중요한 윤리적 과제를 제기한다.

DAO의 유형과 사례들

DAO의 작동 원리와 목적 지향 토큰

DAO의 성공은 소속된 구성원 수와 투표를 통한 참여도에 의존한다. 멤버들은 DAO에 기여하거나 투자한 내역에 따라 거버넌스 토큰을 받으며 이를 통해 웹3 프로젝트의 운영자나 투자자에게 권한을 위임할 수 있는 자율성을 갖는다. DAO 내에는 금고가 있어 커뮤니티 구성원들이 직접 공동으로 소유하고 관리한다. 모든 멤버가 동일한 투표권을 가지는 것은 아니며 대형 검증자(validator)의 경우 DAO에 당연직으로 참여하는 것은 아니다.

DAO 커뮤니티는 법적 양도 및 양수 계약으로 관리되지 않는다. 그럼에도 불구하고 법적 계약이 아닌 수학에 기반한 신뢰와 혁신적인 암호화 기술에 의존하여 운영되는 DAO는 빅테크 회사의 독점에 맞서며 개인의 가치 창출을 촉진하고 공적 재화를 생성하는 데 기여하고 있다. 이러한 접근 방식은 자율적으로 운영되는 새로운 유형의 조직으로 발전할 수 있게 하며 전통적인 조직 구조를 뛰어넘는 방식으로 공공의 이익을 증진하는 놀라운 현상을 나타낸다.

보쉬미르(Voshmgir)는 DAO 및 목적 중심 토큰이 구현하는 경제

적 공동체에 대해서 다음과 같이 설명하고 있다.[162]

DAO는 특정 목적에 초점을 맞춘 디지털자산과 결합하여 사회적 공공재나 공공선의 역할을 할 수 있다. DAO 설계에 있어서 천편일률적인 해결책은 존재하지 않지만 목적 중심 토큰은 웹3 기술을 활용하여 의미 있는 조직 설계를 추구하는 인터넷 커뮤니티에게 적합한 수단을 제공한다. 예를 들어 비트코인 같은 P2P 결제망, 스팀잇 같은 P2P 소셜 네트워크, 다이(DAI) 같은 P2P 스테이블토큰, 헬륨 같은 P2P 통신망, 오션 같은 P2P 데이터 마켓 등이 공공재일 수 있다. 이외에도 공동의 목표는 이산화탄소 토큰을 통한 이산화탄소 배출 감소나 '지구 재조정'(rebalance earth)으로 개념화된 생물다양성 토큰을 통해 부정적인 외부효과를 감소시키는 것일 수 있다.

목적 중심 토큰은 DAO 커뮤니티에서 내부 통화 형태로 기능하며 DAO 조직의 계산 프로토콜에 정의된 규칙에 따라 발행된다. 이는 개인의 가치 창출을 장려하고 사적 재화를 창출하는 기존 경제시스템과 근본적으로 다른 대안을 제공할 수 있다. 이러한 형태의 경제는 자본주의와 공산주의와 같은 전통적인 정치 및 경제 철학을 초월하며 자유 민주주의가 초기 단계였던 인터넷 이전 시대의 산업화 및 개인 소유 기업과는 본질적으로 다를 수 있다. 이는 크립토 경제, 토큰 경제, 크립토 거버넌스, 토큰 엔지니어링이라는 새로운 연구 및 개발 분야의 필요성을 만들어내며 새로운 가치 창출 메

---

162 Voshmgir, S. (2024). Token Economy: DAOs & Purpose-Driven Tokens. Token Kitchen. 이 책에서 소개한 다양한 사례들은 다음 웹사이트에서 제공함. https://token.kitchen/token-economy/v3ch1chapter-references

커니즘을 제공한다.

시티DAO와 컨스티튜션DAO의 등장과 이해

비탈릭 부테린은 그의 책 『지분증명: 이더리움의 탄생과 블록체인의 철학』[163]에서 시티DAO(City DAO)를 언급하며 웹3 기술이 거버넌스와 공공 행정을 어떻게 혁신할 수 있는지 설명한다. 그는 네바다주 리노시가 테조스(Tezos) 블록체인을 기반으로 리노 코인을 발행하고 도시 소유의 조각상을 대체불가토큰(NFT)로 판매하거나 부동산을 대여해 그 수익으로 DAO를 지원하는 사례를 소개했다. 또한 마이애미가 스택스(Stacks) 블록체인을 기반으로 만든 지역화폐 시티코인(City Coins)도 언급했다.

특히 시티DAO는 와이오밍주에서 분산형 도시를 구축하려는 실험적 프로젝트로 새로운 재산권과 커뮤니티 거버넌스를 도입 중이라고 설명했다. 예컨대 시티DAO는 2021년에 옐로스톤 국립공원 근처 40에이커의 땅을 샀으며 이것이 와이오밍에서의 첫 디지털 토지 구매였다. 또한 와이오밍 시민들은 개인증명(Proo of Humanity) 방식의 NFT를 구매해 자신이 시민임을 인증하고 이를 통해 1인 1투표를 행사할 수 있다. 부테린은 이러한 프로젝트들이 더 효율적이고 투명하며 참여적인 도시 관리와 시민 참여 모델로 나아가는 중요한 단계라고 본다.

와이오밍 최초의 디지털 토지 구매 아이디어는 2021년 7월 스콧

---

163 Buterin, V. (2022). Proof of Stake: The Making of Ethereum and the Philosophy of Blockchains. Seven Stories Press.

핏시몬즈(Scott Fitsimones)의 트윗에서 시작되었다.[165] 그는 "와이오밍에서 토지를 구매하고 토큰화하기 위해 시티DAO(City DAO)를 시작하는데, 누구 함께할 사람?"이라고 올렸다. 반응이 뜨거웠고 핏시몬즈는 와이오밍의 법이 물리적 세계와 크립토 세계를 연결해 DAO가 LLC[166]를 제어할 수 있게 도와준다고 설명했다. 이는 토지를 블록체인에 올리고 법원과 주 정부가 DAO를 인정해 소유권을 강제할 수 있다고 주장했다. 그의 제안은 2,500명 이상의 사람들을 디스코드[167] 채널로 끌어모았고 와이오밍에 실제 토지를 구매하기 위해 25만 달러 이상의 NFT 판매를 이끌어냈다. 핏시몬즈는 이 아이디어가 중요한 이유를 설명하며 현재의 토지 구매 방식이 블록체인의 투명성, 즉각적인 거래, 분할 소유를 통한 민주화와 대조된다고 말했다 <그림 32>.

<그림 32> 시티DAO를 처음 제안한 핏시몬즈의 X(트위터) 계정

출처: 핏시몬즈의 X(트위터) 계정[168]

시티DAO는 첫 토지 구매를 발표한 후 많은 새로운 시민들이 가입했다. 각 시민이 한 구획만 소유하고 시민 NFT의 재판매를 억제하기 위해 로열티 수수료를 도입했다. 보조금 프로그램을 통해 토지 사용 제안에 자금을 지원했고 20명의 시민들로 구성된 의회가 헌장과 운영 계약을 초안해 2022년 4월에 비준했다. 하지만 프로젝트는 점차 지연되기 시작했다. 모든 결정은 최소 500명의 유권자가 필요한 정족수를 요구해 지연을 초래했다. 핏시몬즈는 실제 세계에서 DAO가 직면하는 문제 중 하나는 엄청난 조정 및 규제 비용이라고 설명했다. 또 다른 문제는 (이 책의 앞부분에서 소개했던) 부테린이 언급한 '베토크라시'(vetocracy)로 민주적 과정이 마찰을 오히려 추가한다는 것이다. 즉 사용자 예치금 수백만 달러를 관리하는 금융 프로토콜의 경우 수만 명의 사용자에게 영향을 미칠 수 있는 설정을 변경하는 것이 어려워야 하지만 초기 단계에서는 수백 명의 사람들이 간단한 첫걸음을 밟기 위해 조정할 필요 없이 핵심 팀이 수십 개의 작은 행동을 취할 권한을 가져야 한다고 핏시몬즈는 덧붙였다 <표 13>.

<표 13> 시티DAO(City DAO)에 대한 요약

---

164 https://cowboystatedaily.com/2023/05/14/wyomings-first-digital-land-buy-wasnt-storys-historic-wagon-box-inn-it-was-citydao-near-yellowstone

165 미국의 유한책임회사(Limited Liability Company)의 약자로 회사의 소유주가 회사의 부채와 법적 문제에 대해 개인적으로 책임지지 않는 사업 구조임. LLC는 기업과 파트너십의 특성을 결합하여 유연한 경영 구조와 세금 혜택을 제공함.

166 게이머를 비롯한 다양한 커뮤니티가 실시간 채팅과 음성 통화를 통해 소통할 수 있는 무료 메신저 플랫폼. 서버라는 개별 공간에서 텍스트 채널, 음성 채널을 통해 다양한 주제에 대해 토론하고 정보를 공유할 수 있는 것이 장점.

167 https://x.com/scottfits?lang=en

설립목적	시티DAO는 분산자치조직으로 와이오밍(Wyoming)에서 부동산을 보존하고 관리하는 목적으로 설립되었다.
운영방식	이더리움 블록체인 기술과 스마트 계약을 활용하여 운영된다.
주요 특징	분산자치조직(DAO) 시티DAO는 중앙 집중형 기관이 아닌 분산된 네트워크로 구성되어 있다. 회원들은 투표를 통해 의사 결정에 참여하며 부동산 관리와 투자 결정을 함께한다.
	부동산 보유 및 관리 시티DAO는 와이오밍에서 부동산을 구매하고 보유한다. 회원들은 이 부동산에 대한 소유권을 가지며 임대, 판매, 개발 등을 결정할 수 있다.
	스마트 계약 시티DAO는 스마트 계약을 사용하여 부동산 거래를 처리하고 회원들 간 합의를 달성한다. 이는 투명하고 자동화된 방식으로 이루어진다.
	토큰화 시티DAO는 토큰을 발행하여 회원들에게 부동산 소유권을 나타낸다. 이 토큰은 블록체인에 기록되며 회원들은 이를 거래하거나 보유할 수 있다.
투자자 참여	시티DAO가 발행한 시민 NFT를 구매하면 시티DAO의 활동에 참여할 수 있는 특권을 얻게 된다. 이는 땅의 소유권을 부여하지는 않지만 시티DAO 활동에 참여할 수 있는 기회를 제공한다.
결과 및 영향	시티DAO는 워밍에서 더 많은 부동산을 구매하려고 노력하고 있으며 미래에 조정할 것으로 보고 있다. 이러한 모델은 블록체인과 스마트 계약을 통해 부동산 관리를 혁신적으로 처리할 수 있다.

출처: 빙닷컴(Bing.com) 코파일롯(Copilot) 정보를 바탕으로 저자가 한국어로 재구성.

오픈씨(OpenSea)에 올라온 시티DAO의 NFT 컬렉션은 <그림 33>과 같다.

<그림 33> 오픈씨(OpenSea)에 올라온 시티DAO NFT 컬렉션

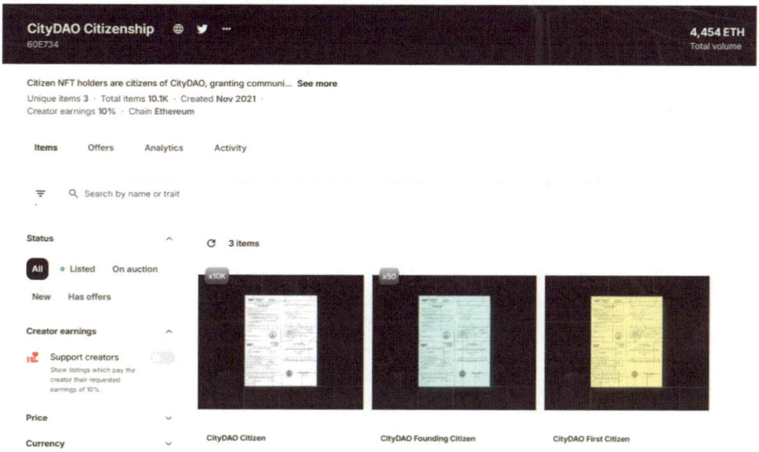

출처: 오픈씨(OpenSea)[168] (2024년 10월 17일 캡처)

컨스티튜션DAO(Constitution DAO)는 미국 헌법을 구매하기 독특하고 주목받는 사례 중 하나기 때문에 <표 14>에서 설명하였다. 이외에도 버드와이저(Budweiser) 맥주가 신제품 소개 광고에서 NFT로 만든 애니메이션 안경 착용 여부를 나운스(Nouns) DAO와 협의한 경우도 있다. 또한 어산지DAO(Assange DAO), 파티DAO(Party DAO), 플라밍고DAO(Flamingo DAO)와 같이 예술작품의 소유권을 공동으로 관리하며 고가의 미술 작품 NFT를 집단적으로 구매하여 판매 가격과 수수료를 결정하는 역할을 하는 DAO도 있다.

168 https://opensea.io/collection/cdao

<표 14> 컨스티튜션DAO(Constitution DAO)에 대한 요약

기본 개념	이 프로젝트는 미국 헌법의 사본 하나를 구매하여 공공에 접근할 수 있게 하는 것이었다.
목적	컨스티튜션DAO는 특정한 목적을 가진 임시 조직으로 소더비(Sotheby) 경매에서 판매되는 1787년 미국 헌법의 초판 사본을 구매하기 위해 설립되었다.
자금 모집	이 DAO는 이더리움 블록체인상에서 스마트 계약을 통해 자금을 모았다. 이 자금은 투명하고 민주적인 방식으로 관리되며 참여자들은 자금 조달에 참여함으로써 프로젝트에 대한 투표권과 발언권을 얻었다.
투자자 참여	투자자들은 특정 금액의 이더리움을 기부하고 그 대가로 '피플'(PEOPLE) 토큰을 받았다. 이 토큰은 참여자들이 DAO의 결정 과정에 참여할 수 있는 권리를 부여했다.
경매 참여	컨스티튜션DAO는 충분한 자금을 모아 경매에 참여했지만 최종적으로 경매에서는 승리하지 못했다. 그러나 이 시도는 전 세계적으로 많은 관심을 끌었으며 DAO와 크라우드펀딩을 이용한 공공재 접근의 새로운 가능성을 보여 주었다.
자금 반환	경매에서 승리하지 못한 후 컨스티튜션DAO는 참여자들에게 자금을 반환하는 선택권을 제공했다. 반환 과정은 투명하게 진행되었으며 참여자들은 자신의 기부금을 되찾거나 다른 목적을 위해 DAO에 남겨둘 수 있었다.
결과 및 영향	컨스티튜션DAO의 시도는 비록 헌법 사본을 구매하는 데는 실패했지만 민주적인 자금 모집과 공공 자산에 대한 접근 방식에서 새로운 장을 열었다. 이 사례는 전통적인 자산 구매 방식에 대한 대안으로 DAO를 활용할 수 있는 가능성을 제시했으며 웹3 기술과 디지털자산이 어떻게 현실 세계의 중요 이슈와 결합될 수 있는지 보여 주는 예로 남았다.

출처: ChatGPT4.0 바탕으로 저자가 부분적으로 재구성.

보건 및 의료 분야 DAO의 유형과 특징

이 책을 집필하는 2024년 6월 현재 의대 정원 증원을 둘러싼 정부와 의료계의 갈등이 갈수록 심화하고 있다. 특히 대학병원의 파업은 목숨을 구하기 위해 당장 수술이 필요한 환자와 가족들을 절망에 빠뜨리고 있다. 이러한 사태의 근본 원인으로 한국 사회의 건강 및 질병 문제가 민간 의료기관에 지나치게 의존한 점이 지적된다.[169] 미국은 공공의료가 30% 이상인 반면 한국의 공공의료기관은 전체의 약 5%에 불과하다. 근본적으로 의료가 과도하게 상업화되면서 의료계의 파업과 같은 문제가 발생할 때 건강 불평등 문제가 더 심화한다.

물론 공공의료 강화를 통해 모든 의료계 문제를 근본적으로 해결하기는 어렵다. 보건의료 부문에는 진단과 치료를 제공하는 의사뿐만 아니라 의료 기기 및 기타 기술 제조 회사, 제약 및 생명공학 연구개발(R&D) 산업, 병원 관리 등 다양한 행위자들이 포함되기 때문이다. 환자와 의사 사이에 조정할 과정이 많고 여러 이해관계자들이 많은 보건 및 의료 분야에서 DAO를 도입하면 기존 전통적 조직에서 발생했던 문제를 해결할 가능성이 높다. DAO를 통해 투명성과 효율성을 높이고 다양한 이해관계자들의 참여를 촉진함으로써 보건의료 시스템의 문제를 개선할 수 있는 잠재력이 크다.

다른 유형의 DAO와 마찬가지로 대부분의 보건의료 DAO도 아직 법인격을 제대로 갖추지 못하고 있으며 사전 출시 단계에 머물러 있다. 그러나 DAO가 활성화되면 환자와 소규모 연구 및 제조 기관의 접근성을 높이고 이 부문에서 종종 발생하는 독점적이고 불투명한 거버넌스와 관리 문제를 투명성과 커뮤니티 참여를 통해 해결할 수 있다.

<표 15>는 이 분야에서 DAO의 예시와 특징을 정리하고 있으며

---

169 조병희, 정영일 (2024), 젊게 늙는 사회, 지식의 날개.

주로 의학 및 생명공학 연구 자금 조달 및 지원과 관련이 있다.[170]

<표 15> 보건 및 의료 분야 DAO의 예시와 특징

이름	도전 과제	사명
해독제DAO (Antidote DAO)	암은 전 세계 사망 원인 중 두 번째로 큰 원인이다. 전통적인 기금과 자선단체는 암 예방 및 치료를 위한 연구 지원에 미치지 못한다.	"우리의 사명은 암 연구를 직접 자금 지원하여 과정을 더 민주적이고 투명하며 협력적으로 만드는 것이다."
바이오DAO (Bio DAO)	생명공학 분야의 전통적인 자금 조달 및 개발 접근 방식은 초기 단계 연구에서 임상 적용 프로젝트 또는 유명 연구소와 창립자가 주도하는 프로젝트에 격차가 있다. 이로 인해 투자금이 대부분 사전 선정된 연구 기관으로 흐른다.	"우리의 사명은 전 세계적으로 민주적인 생명공학 생태계를 구축하여 현실 세계의 생명공학 프로젝트를 식별, 자금 지원 및 지원함으로써 생명공학 혁신을 가속화하고 인류의 가장 시급한 문제를 해결하는 것이다."
큐어DAO (Cure DAO)	데이터 건강 및 혁신은 여전히 건강 비용과 인간 수명 연장에 대한 측정 가능한 이득에 미치지 못하고 있다. 디지털 앱은 종종 중복된 기능을 나타낸다.	"CureDAO는 음식, 약물, 보충제와 같은 수백만 개의 요소가 인간 건강에 미치는 영향을 발견하는 오픈 소스 플랫폼을 만들고 있다. 우리는 임상 연구를 민주화하는 사명을 가지고 있다."
게놈DAO (Genomes DAO)	기존의 유전체 데이터 회사는 기술 표준, 데이터 주권 및 개인정보보호 측면에서 부족하다.	"유전체 연구의 민주화 및 분산화를 증가시키기 위해 우리는 AMD의 SEV, 블록체인 및 분산 금융과 같은 최첨단 기술을 결합하는 것에 중점을 둔다."

170 Mateus, S., & Sarkar, S. (2023). Can Decentralized Autonomous Organizations(DAOs) Revolutionize Healthcare? California Managment Review. https://www.researchgate.net/publication/366987895_Can_Decentralized_Autonomous_Organizations_DAOs_Revolutionize_Healthcare

비타DAO (Vita DAO)	바이오 제약 기관은 지적 재산(IP) 자산 및 특허에 의존하여 혁신과 자금 조달을 추진한다. 결과적으로 사업 모델은 IP와 관련된 프로세스 비효율성으로 인해 심각한 제한을 받는다.	"VitaDAO는 커뮤니티가 관리하고 분산된 약물 개발을 위한 DAO 집합체다. 우리의 핵심 사명은 장수 분야의 연구개발(R&D)을 가속화하고 인간 수명과 건강을 연장하는 것이다."

출처: Mateus, S., & Sarkar, S. (2023) 바탕으로 저자가 한국어로 재구성.

예를 들어 해독제DAO(Antidote DAO)는 사전 출시 단계에 있으며 암 연구에 직접 자금을 지원하는 것을 목표로 한다. 이를 통해 연구자들이 전통적인 자금 지원 보조금 신청에 소요되는 시간과 노력을 줄이고 프로세스를 더욱 투명하고 민주적이며 협력적으로 만든다.

바이오DAO(Bio DAO)는 초기 단계의 생명공학 프로젝트와 분산형 약물 개발을 지원하고 자금을 제공하는 것을 목표로 한다. 바이오DAO는 초기에는 AI와 기계 학습을 기반으로 한 치료법 및 응용 프로그램의 자금 조달 및 개발에 중점을 두며 이후 진단 및 생명공학 응용 프로그램으로 확장할 계획이다.

큐어DAO(Cure DAO)는 건강 혁신을 목표로 수백만 가지 요소, 예를 들어 음식, 약물, 보충제가 인간 건강에 미치는 영향을 발견하는 오픈 소스 플랫폼을 만들고 있다. 이를 통해 다양한 건강 관련 데이터를 수집하고 분석하여 더 나은 건강 관리 방법을 찾고자 한다. 또한 임상 연구를 민주화하는 사명을 가지고 있으며 이는 연구 과정에 대한 접근성과 참여를 높여 더 많은 사람과 조직이 연구에 기여할 수 있도록 하는 것을 의미한다. 또한 중복된 연구를 줄여 효율성을 향상한다. 큐어DAO는 다양한 디지털 앱과 플랫폼을 통해 건강 데이터를 통합하고 분석하여 보다 효과적인 건강 관리 솔루션을 제공하고자 한다.

게놈DAO(Genomes DAO)는 유전체 연구의 민주화와 분산화를 통해 분산적 투명성과 집합적 참여도를 높이고자 한다. 게놈DAO는 'AMD의 SEV'[171], 블록체인, 디파이 등 최첨단 기술을 활용하여 유전체 연구의 보안과 효율성을 강화한다. 이를 통해 데이터 주권과 개인정보보호를 중시한다. 또한 게놈DAO는 의료기관이 클라우드 환경에서 데이터와 애플리케이션을 안전하게 운영할 수 있도록 지원하며 유전체 데이터의 기술 표준을 높이는 활동을 한다.

마지막으로 비타DAO(Vita DAO)는 이미 운영 중인 DAO, 장수 연구 및 약물 개발 프로젝트에 자금을 지원하며 개방 과학 원칙을 촉진하고 자금 결정 주기를 단축하며 소유권을 민주화한다. 2022년 기준으로 비타DAO는 1300명 이상의 토큰 보유자를 보유하고 있으며 연구 프로젝트에 300만 달러 이상을 할당했다.

이와 같은 DAO 조직들은 보건의료 분야에서 혁신적인 변화를 이끌어낼 잠재력을 가지고 있으며 이를 통해 보다 민주적이고 투명한 의료 시스템을 구축할 수 있을 것이다.

결론적으로 보건의료 분야에서 DAO의 활용은 아직 초기 단계

---

171 AMD는 'Advanced Micro Devices'의 약자이며 미국의 반도체 회사로 중앙처리장치(CPU), 그래픽처리장치(GPU) 및 다양한 컴퓨터 부품을 제조함. SEV(Secure Encrypted Virtualization)는 AMD가 제공하는 기술로 가상 머신의 메모리 데이터를 암호화하여 보안을 강화하는 기능을 제공함. 이 기술은 보건의료 분야에서 민감한 데이터의 보호와 개인정보 유출 방지에 유용하게 사용될 수 있음.

에 있지만 두 가지 기둥, 즉 접근 가능하고 투명한 거버넌스와 자금 조달 및 투자에 기반한 기회가 많다. 보건의료 분야는 규제가 많은 분야이기 때문에 DAO가 보건의료 기관을 지배하는 데는 시간이 걸릴 것이지만 그 잠재력은 분명하다. 앞으로 이러한 발전을 계속해서 접하게 될 것이다.

DAO를 둘러싼 이슈와 미래 전망

DAO에 대한 법·제도 현황

시티DAO의 사례에서 보듯 물리적 세계의 법적 규정은 크립토 기반의 여러 혁신적 아이디어와 충돌하고 있다. 예를 들어 유럽연합(EU)의 MiCA(Markets in Crypto-Assets) 규정에 따르면[172] DAO의 법적 지위와 토큰 발행 관련 문제에 대한 유럽의회의 입장은 아직 규제 당국도 고민 중이지만 여전히 사각지대에 놓여 있음을 보여 준다. MiCA는 EU가 추진 중인 디지털 금융 전략의 일환으로 제안된 크립토 규제 기본법안이다. 이 법안은 크립토의 발행 및 거래에 관한 투명성, 공개, 인증, 관리 및 감독에 초점을 맞추고 있다.[173]

MiCA는 DAO의 토큰 발행을 직접 언급하지 않고 DAO가 규정의 적용 범위에 포함되는지에 대한 명확한 지침도 내놓지 않았다.

---

172 코빗 리서치 (2024). 주요국 가상자산 규제 방향과 시사점. https://www.korbit.co.kr/market/research/92

173 신경희 (2022). EU의 가상자산시장(MiCA) 법안의 주요 내용. 자본시장포커스, 18호.

DAO 프로젝트는 주로 탈중앙화되어 있지만 MiCA 규정은 전통적 법인을 오히려 강조해 법적 호환성이 더 복잡해졌다. 사실 MiCA가 탈중앙화 방식을 제외하면서 토큰 보유자, 고객, 투자자를 보호하지 못할 우려가 있다. DAO는 토큰 발행과 디파이 서비스를 제공할 수 있지만 EU 내에서 법적 인정을 받기 어렵다. 일부 국가는 DAO를 민간기업으로 간주해 법적 조율이 필요하다.

MiCA가 DAO를 규제에서 제외한 이유는 탈중앙화 구조가 규제 대상으로 다루기에는 아직 초기 단계이기 때문일 것이다. 대부분의 DAO는 법인격이나 유한 책임이 없어 MiCA 규정의 '기타 사업체'로 인정받기 어렵다. 유럽의회는 의도적으로 DAO 규제를 배제했겠지만 최종 문안에서 DAO를 법적 테두리에 포함하려는 노력이 보인다. 왜냐하면 유럽의회는 토큰 발행과 교환이 탈중앙화될 수 있으며 이를 법률에 반영해야 한다고 보고했기 때문이다. DAO가 관리하는 토큰이 규정 요건을 충족하고 위험을 초래하지 않으면 거래를 허용해야 한다는 내용도 포함됐다. 다만 DAO의 탈중앙화 기준과 디파이에 대한 규제 여부는 명확하지 않다.

요약하면 미국 와이오밍 시티DAO 사례와 유럽 의회의 MiCA 사례를 보면 정부와 규제당국은 아직 DAO의 법적 지위를 명확히 정의하지 않고 있다. 이는 DAO의 본질적 특성과 규제 요구사항 간 갈등을 드러낸다. 미국과 유럽 등에서는 법적 정비가 미흡한 상태에서 DAO를 규제하려는 노력이 DAO의 혁신적 잠재력을 제한할 가능성이 있음을 인지하고 있다. 이러한 상황에서 우리나라도 DAO와 관련된 법적 문제를 해결하기 위해 특별한 논의와 연구가 필요하다.

일본에서 웹3 정책 중 하나로 DAO 관련 특별법을 제정하려는 움직임이 있다. 이는 DAO 활용 사례의 증가에 따라 구성원들이 유한 책임을 확보하고 적절한 법적, 조직적 틀을 제공하기 위한 조치였다.[174] 자민당은 LLC 형태의 DAO 특별법을 통해 회사법 및 금융상품 거래법 등 관련 법률 조정의 필요성을 강조하였다. 이 시도로 일본 내에서 합자회사형 DAO가 설립될 것이며 사원권 토큰을 통해 자금을 조달하고 다양한 사람들이 DAO에 참여하여 기여한 만큼의 이익을 얻을 수 있는 구조가 마련될 수 있다.

구체적으로 일본에서 제시하는 DAO 관련 법안은 여러 가지 가능성을 제공한다.[175] 첫째, 벤처와 조직에 더 유연한 자금 조달 기회를 제공한다. 과거의 크라우드펀딩, 주식 금융, 부채 금융에 비해 행정적, 재정적 부담이 적다. 둘째, LLC는 회원 투표를 통해 모든 결정을 온체인으로 내리고 기록할 수 있으며 자본 사용도 온체인 투표로 결정된다. 이는 투표를 안전하고 투명하게 만든다. 셋째, DAO는 배당 토큰, 서비스 토큰, 기여 토큰 등 다양한 디지털 인센티브 토큰을 발행할 수 있으며 DAO 회원 토큰은 탈중앙화 거래소에서 거래될 수 있다. 전통적으로 가상자산은 중앙화 거래소에 상장되기 위해 복잡한 과정을 거쳐야 하지만 DAO 회원 토큰은 NFT 특성 덕분에 이러한 과정에 덜 구속된다.

2024년 3월에 설립된 일본 DAO협회는 DAO의 자율규제와 건전한 생태계 조성을 목표로 하며 적법성, 공정성, 투명성 확보에 중점을 두고 있다. 이 협회는 업계의 자율규제 단체로서 모범 사례와 규칙

---

174 일본에서 석사 학위를 취득한 채송아 영남대학교 대학원 동아시아문화학박사 과정 연구자의 도움으로 이 내용을 정리하였음.

175 https://www.emurgo.io/press-news/what-is-the-japan-dao-law

을 제시하여 DAO 활용을 더욱 친숙하게 만들고자 한다. 또 DAO의 보급과 계몽을 위해 다음과 같은 다양한 활동을 수행하고 있다.

① 일본 내의 DAO 가이드라인 작성 및 운영
② DAO 및 관련 도구의 인증
③ 일본법에 의해 설립되는 DAO에 관한 문서 작성 및 배포
④ DAO 관련 교육 및 계몽 활동
⑤ DAO 및 도구 개발에 관한 자문
⑥ DAO 관련 정책 제언
⑦ DAO에 관한 사례 및 이론 연구
⑧ 위의 모든 활동에 부수적으로 관련된 일체의 업무

이 조치들은 일본에서 DAO가 법적으로 인정받고 건전하게 발전할 수 있는 기반을 마련하며 일본 내에서 블록체인 기술과 그 응용에 대한 이해와 수용을 높이는 데 기여할 것으로 기대된다.

미국의 FIT21과 탈중앙화

한편 미국의 FIT21(Financial Innovation and Technology for the 21st Century Act) 법률에서는 탈중앙화 프로토콜을 규제의 틀 안에 포함하려는 시도가 엿보인다.[176] 이 법안은 '21세기 금융 혁신 및 기술법'의 약자로 웹3와 크립토 산업의 규제를 명확하게 규정하여 블록체인 프로젝트가 미국에서 안전하고 효과적으로 출시될 수 있는 길을 제공한다. DAO가 블록체인 또는 디지털 레저에서 발행하는 토큰이 충분히 탈중앙화된 경우 이를 증권이 아니라 상품으로 취급한다. 법안은 탈중앙화를 '어떤 개인도 블록체인이나 그 사용을 일방적으로 제

176 https://a16zcrypto.com/posts/article/fit21-why-it-matters-what-to-do

어할 수 없고 토큰 발행자나 관련된 개인이 디지털자산의 20% 이상 또는 투표 권한을 통제하지 않는 경우'로 정의한다. 또한 고객 자금의 분리, 토큰 내부자의 락업(lock-up) 기간, 연간 판매량 제한 및 공시 요구사항과 같은 다른 이용자 보호 요구사항도 설정한다.

웹3 기업들은 새로운 블록체인 프로젝트를 시작할 때, 초기 코인 공개(ICO[177])를 통해 토큰을 할인된 가격으로 판매한다. 이 토큰들은 대체로 해당 프로젝트의 성공을 믿는 초기 투자자들에 의해 구매되며 이들은 토큰을 장기간 보유하면서 가치 상승을 통해 수익을 기대한다. 하지만 각 프로젝트별로 토큰 소유 구조에 있어 중요한 차이가 있다. 예를 들어 솔라나는 내부자들이 전체 토큰의 60% 이상을 갖고 있는 반면 이더리움은 내부자와 재단이 단지 7-8%의 토큰만을 보유하고 있다. 이는 각 블록체인 네트워크의 탈중앙화 정도가 얼마나 다를 수 있는지를 보여 준다 <그림 34>.

블록체인과 웹3 서비스는 10년 이상 존재해 왔지만 미국에는 아직 포괄적인 디지털자산 규제 프레임워크가 없었다. 지금까지 규제는 파편화되어 있고 불완전하며 명확성이 부족했다. 이러한 규제 불확실성은 시티DAO와 같은 웹3 기반의 혁신을 위한 혼란스러운 환경을 조성했다. 또한 시장의 악의적인 행위자들이 규제의 빈틈을 이용해 스캠 코인이나 NFT 제품을 출시하여 이용자를 노리는 상황도 발생했다.

앞으로 FIT21 법안은 탈중앙화된 토큰을 상품으로 인정하여 디

177 'initial coin offering'의 약자로 신규 프로젝트가 투자를 유치하기 위해 토큰을 처음으로 대중에게 판매하는 것으로 2017년에 한국 정부는 투자자 보호와 금융 시장의 안정을 이유로 ICO를 전면 금지하는 조치를 취했음.

<그림 34> 토큰 소유 분포에 따른 탈중앙화 현황

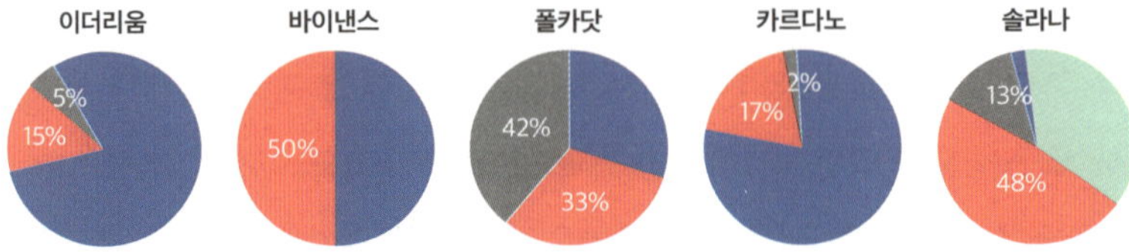

■ **공개 판매** : 공개적으로 참여할 수 있었던 모든 사전 출시 판매 또는 "락 드롭" 할당을 포함합니다.
■ **커뮤니티 할당** : 생태계 기금 또는 에어드랍으로 커뮤니티에 최종적으로 지급됩니다.
■ **내부자들** : 내부자 모든 팀, 회사 및 VC가 구매한 토큰을 포함합니다.
■ **재단 & 기타** : 커뮤니티가 관리하는 보조금 풀 또는 테스트넷 참여 보상과 같은 기타 인센티브에 할당된 토큰입니다.

출처: 미디엄닷컴[179]의 내용을 저자가 한국어로 재구성.

지털자산의 독특한 구조를 다루어 새로운 기술과 기회를 지원한다. 특히 미국의 이러한 입장 변화는 자본주의 시장경쟁을 채택한 국가들의 관련 정책에 긍정적인 영향을 미친다. 미국이 적절히 조정된 규제 체계를 제공할 때, 이는 웹3 기술이 일자리와 경제적 가치를 창출하며 민주주의를 위한 인프라 기술로 성장할 수 있는 구체적인 방향을 제시하는 것이다.

하지만 FIT21 법안은 여러 유형의 DAO와 목적성 토큰에 대한 명확하고 강력한 규제 프레임워크를 제공하는 것은 아니다. 또한 미국에 소재한 웹3 스타트업이 번창할 수 있는 규제 환경을 조성하면서 미국 시장과 이용자 위주로 자국 보호를 위해 노력한다는 비판이

178 https://navdeepyadav.medium.com/6-amazing-blockchain-business-models-you-must-know-with-examples-8eb0eae54db5

존재한다. 이 법안이 탈중앙화 기준을 너무 높게 설정하고 재중앙화된 토큰이나 웹3 프로젝트를 회수할 수 있는 권한을 미국증권위원회(SEC)에 부여하여 과도한 관할권을 준다는 우려도 있다. 무엇보다 이 법안이 통과된다고 해서 미국에서 DAO 기반의 민주적 거버넌스와 목적 지향성 토큰 산업이 계속 운영되고 혁신할 수 있도록 필요한 규제 확실성을 제공할 것인지도 여전히 의문이다.

새로운 사이버 문명의 설계를 위하여

웹3 기술에 기반한 DAO를 활성화하려면 문명의 근본적 변화를 이해해야 한다.[179] 기존 산업 문명과는 다르게 사이버 문명에서는 온라인 플랫폼 구조가 중요하다. 새로운 사이버 문명은 공유 정신에 기반을 두고 있어 사회가 개인이 자신의 소유를 다른 사람과 공유하게 함으로써 공동의 가치를 창출하도록 유도한다. 이는 산업 문명과는 다른 상호주의에 기반한 포틀럭(potluck) 파티의 원칙을 따른다. 데이터 공유는 포틀럭 파티의 좋은 예시가 될 수 있다. 개인 데이터 공개에는 비용이 들지 않지만 이를 수천 또는 수백만 명의 다른 사람들의 데이터와 결합하여 목적 중심 토큰을 만들 때, DAO 커뮤니티 구성원들이 지니는 데이터의 가치는 엄청나게 증가할 수 있다 <표 16>.

179 Kim, D., & Kokuryo, J. (2024). Establishing altruistic ethics to use technology for Social Welfare—How Japan manages Web3 and self-sovereign identity in local communities. Electronic Markets, 34(6), pp. 1-12.

<표 16> 웹3 기반 사이버 문명과 현금 매개 산업 문명 비교

항목	사이버 문명	산업 문명
가치의 원천	데이터의 네트워크 외부효과	규모의 경제학
규범	공유	경쟁
인센티브	NFT 활용을 통해 기부 행위에 대해 사회적으로 인식하기	금전적 보상
메커니즘	검증할 수 있는(verifiable) 토큰을 활용하여 접근권에 대한 라이센스 부여	자유 시장을 통해서 돈을 목적으로 소유권 교환
윤리	기여 활동에 대한 광범위한 인식을 위한 경쟁. 이타주의 촉진	개인주의 기반 개별 이익의 추구
프라이버시 보호	신원정보에 대해 기술적으로 SSI 방법을 사용하거나 타인의 존엄성을 존중하기	개인의 권리를 법·제도적으로 규제하여 보호

출처: Kim & Kokuryo (2024) 바탕으로 저자가 한국어로 재구성.

최근에 자동차는 각종 편의시설이 갖추어진 '세컨드 홈'이 되면서 남녀노소 모두에게 새로 나오는 모델에 대한 인기가 높다. 하지만 자율주행차 산업이 직면한 가장 중요한 과제 중 하나는 데이터의 중앙 집중화다.[180] 과거부터 구글의 웨이모, 애플, 제너럴 모터스와 같은 주요 기업이 자율주행 시스템 훈련에 필요한 방대한 양의 데이터를 수집하고 처리하는 능력 때문에 이 분야를 지배해 왔다. 그렇기 때문에 자동차 제조사조차도 자율주행 자동차의 안전과 신뢰성을

180 https://medium.com/@chaininc/chain-insights-is-web3-the-key-to-safer-autonomous-vehicles-54457e0273dc

보장하는 데 필수적인 실제 데이터를 획득하는 데 오랫동안 어려움을 겪어 왔다.

중앙 집중화는 자동차에 장착된 여러 전자적 장치와 서비스가 장애를 일으키면 데이터에 기반한 운전자의 사생활과 안전에 대한 우려를 제기할 수 있다. MIT 교통물류센터의 조사 결과[181] 자율주행차에 대한 두려움이 증가하고 있는 것으로 나타났다. 2022년에는 응답자의 55%가 자율주행차에 대한 두려움을 느끼고 있다고 응답했지만 2023년에는 이 비율이 68%까지 증가했다. 자율주행차에 대한 두려움은 사이버 보안 전문가의 해킹 사건과 같은 사례로 더욱 커지고 있다. 해킹한 독일의 젊은 연구원은 호기심에서 비롯된 우연한 행동이었다고 주장했지만 여전히 자율주행차에 대한 불안감은 해소되지 않고 있다.[182]

자율주행차와 사물인터넷(IoT) 기기의 통합은 자율주행차에 대한 두려움을 더욱 키울 수 있는 요인으로 작용할 수 있다. 영상인식 기술의 고도화로 인해 도로 상황, 교통사고 기타 차량의 존재와 같은 중요한 상황 정보를 수집하고 통신할 수 있게 되었다. 자율주행차의 내비게이션 성능을 향상하는 데 도움이 되는 자동차와 IoT 기기의 통합은, 데이터 보안 측면에서 우려를 야기할 수 있다. 따라서 자율주행차의 안전성을 높이기 위해서는 데이터 보안 측면에서 충분한 고려가 필요하다.

GM과 BMW와 같은 제조업체들은 2019년부터 블록체인을 활

181 MIT Center for Transportation & Logistics. https://avt.mit.edu

182 https://medium.com/@david_colombo/how-i-got-access-to-25-teslas-around-the-world-by-accident-and-curiosity-8b9ef040a028

용하여 자율주행차의 데이터 공유 문제를 해결하기 위한 연구를 진행해 왔다. MOBI(Mobility Open Blockchain Initiative)는 대표적인 사례다.[183] 그러나 아직 제조사들은 자율주행차에서 데이터 공유를 위한 블록체인의 구체적인 활용 방안을 마련하지 못하고 있다. 자율주행차를 웹3 산업과 연계하여 데이터 인프라 개발 및 유지보수의 효율성을 높이고 개인정보보호를 강화하기 위한 분산된 데이터 관리는 아직 해결되지 못한 과제다.

이런 점에서 IoT 시스템에서 분산 접근 제어를 위한 스마트 계약의 NFT 토큰 기반 솔루션을 제안한 내용을 주목할 필요가 있다.[184] IoT는 많은 편리함을 제공하지만 기기 통신 중 권한 운영과 관련된 보안 및 확장성 문제들이 나타난다. 웹3 기술은 IoT를 위한 신뢰할 수 있고 동적인 접근 제어 관리 시스템으로 유용하다. 그리고 이더리움(ERC721) 플랫폼을 구축하여 토큰 발행 계약, 사용자 등록 계약, 관리 계약 등 세 가지 스마트 계약을 포함할 수 있다. 각 참가자는 배포된 스마트 계약을 실행하여 이더리움 네트워크에서 접근 제어를 요청하고 취소할 수 있다. 또한 개인정보보호를 위해 IoT 환경에서 다양한 이벤트를 감독하고 관리한다.

이 접근 방식은 다양한 기능을 수행하면서 네트워크 수수료인 가스(gas) 비용을 소비한다. 계약 생성 단계가 가장 비용이 많이 들며

---

183 https://www.coindesk.com/markets/2019/04/08/gm-bmw-back-blockchain-data-sharing-for-self-driving-cars

184 Wang, W., Huang, H., Yin, Z., Gadekallu, T.R., Alazab, M., & Su, C. (2022). Smart contract token-based privacy-preserving access control system for industrial Internet of Things. Digital Communications and Networks, 9(2), pp. 337-346.

총비용은 553만 5,960가스에 달하고 0.0060896이더를 필요로 한다 (1가스 ≈ 0.000000008이더).[185] 하지만 이 방식은 기존의 집중식 모델이 갖는 한계를 극복하고 이기종 장치 간 상호 운용성을 개선한다. 많은 중앙식 시스템은 전용 데이터 저장소와 속성 권한 등을 도입하여 운영과 통신 비용의 부담을 안고 있다.

반면 스마트 계약을 이용한 분산 접근 제어에서는 이러한 계약 비용이 한 번만 발생하며 투명성과 보안을 제공하고 확장성을 보장한다. 그리고 이더리움 가스 비용을 낮추기 위한 웹3 기술이 지속적으로 나오고 있다. 이 시스템은 IoT 환경에서 실시간으로 동작하며 사용자의 프라이버시를 보호하면서도 효율적인 권한 관리를 가능하게 한다. 웹3 스마트 계약 기반의 접근 제어는 기존의 중앙 집중식 접근 방식보다 더 나은 보안성과 유연성을 제공한다 <표 17>.

<표 17> 다양한 기능의 가스 비용

기능	사용된 가스	사용된 이더	달러
계약생성	5535960	0.0060896	0.8769
사용자등록	50720	0.0000558	0.00804
토큰발행	201672	0.0002218	0.03194
토큰소각	32179	0.0000354	0.0051
토큰전송	59822	0.0000658	0.00948
접근제어	26323	0.000029	0.00418

185 가스비는 gwei로 표기되며 1gwei는 10억 분의 1이더리움.

멕데스트럭트	21734	0.0000239	0.00344
URC주소획득	0	0	0
TIC주소획득	0	0	0
토큰소유자	0	0	0
접근제어	0	0	0

출처: Wang, W., Huang, H., Yin, Z., Gadekallu, T.R., Alazab, M., & Su, C. (2022) 저자가 한국어로 재구성.

새로운 사이버 문명을 위한 분산 플랫폼에 대한 이해만이 자동차와 같은 제조업에 설명할 수 있는 자격 증명 제도의 발행을 이끌어낼 수 있다. 블록체인 기반 프로토콜은 암호화 방식으로 데이터 수집과 관리의 정당성을 입증하고 변조 방지 블록체인 원장에 기록을 불변으로 저장할 수 있다. 그렇지만 블록체인 기술이 가능하게 한 웹3 시스템은 디지털 플랫폼 및 AI 기업이 지배하는 빅데이터에 대한 새로운 투명성 확보와 분산적 거버넌스 구축 없이 한 발짝도 나아가기 힘들다. 사용자와 기업, 정부가 디지털 분열을 넘어서 균형 잡힌 공정성과 상호작용하는 민주적 합리성의 중요성을 인식하면서 새로운 커뮤니티와 디지털 문명을 설계할 수 있어야 한다.

웹3 기술은 사용자가 직접 자신의 데이터와 창작품을 중앙 집중화된 플랫폼에 의존하지 않고도 경제적으로 활용할 수 있는 수단을 제공한다. 사용자는 자신의 신원정보를 중앙 집중식 서버가 아닌 자신의 디지털 장비 또는 분산 네트워크에 저장하여 개인정보의 노출과 남용을 피할 수 있다. 그리고 NFT는 사용자가 중앙 집중식 플랫폼의 통제를 회피하면서 디지털 제품과 온라인 서비스를 이용하고 소유할 수 있는 기능을 활성화한다. 이는 디지털 창작품에서 판매에서 발생하는 이익이 빅테크 대신 개별 이용자에게 돌아가는 자율적 경제 모델로서 새로운 사이버 문명의 설계를 더욱 쉽게 만든다.

대의 민주주의에서 직접 민주주의로

수평적, 개방적, 분산화된 혁신

현대 민주주의 국가 대부분에서 선거로 선출된 전문 정치인들이 시민들을 대신해 입법과 정책 결정에 참여하는 대의정치 체제는 일종의 독점적 시스템으로 인식되고 있다. 국가나 지역에 따라 차이는 있지만 경제 침체와 인구 감소로 인해 대의제의 비효율성에 대한 우려가 커지고 있으며 이에 따라 직접 민주주의에 대한 요구도 점점 높아지고 있다.

DAO는 블록체인 기술을 활용해 정치, 사회, 문화 시스템의 효율성과 투명성을 향상하는 방식으로 디지털 참여 민주주의의 발전을 이끌어야 할 다음 단계다. 그러나 DAO를 현실 정치에 적용하려는 논의는 아직 거의 이루어지지 않고 있다. 기존 정당 정치 시스템에서 DAO의 유효성을 입증하려는 시도도 아직 시작되지 않았다.

웹3 기술은 탈중앙화, 데이터 보안 및 프라이버시 강화, 데이터 소유권 보장, 그리고 스마트 계약을 통한 데이터 투명성과 신뢰성 제공 등의 장점을 가지고 있다. 또한 목적지향 토큰 발행과 토큰 기반 투표 시스템은 DAO가 거버넌스 관리와 참여적 민주주의에 중요한 역할을 할 가능성을 보여 준다.

DAO를 통해 관리 이사회가 없어지면 대리인 비용이 줄어들고 대의제 민주주의 운영에 소모되는 금전적, 비물질적 자원을 절감하면서도 투명성과 책임성은 유지될 수 있다. 공공기관이나 민간기업에서도 경영진 보너스와 같은 결정은 종종 투명하지 않다. 그러나 DAO를 통해 커뮤니티 기반으로 결정을 내리면 투명성과 신뢰가 높아질 수 있다. 기존에 폐쇄적으로 운영되던 보건의료, 금융보험 같은 민감한 분야에서도 웹3 기술의 잠재력이 이미 인식되고 있다. 예를 들어 웹3 기술이 보건의료 분야에서 가장 일반적으로 적용되는 사례는 전자 건강 기록 관리다. 그 외에도 처방약 사기 탐지나 원격 환자 모니터링 같은 응용 프로그램이 있다.

DAO에서 목적 중심 토큰은 종종 분산된 인터넷 커뮤니티 내부 통화의 일부 형태를 나타낸다. 이 토큰은 가상자산 기반의 협동조합 목적을 실현하고 민주주의 원칙을 따르는 방식으로 운영될 수 있다. 이러한 접근 방식은 각기 다른 요구와 목표를 가진 커뮤니티가 자신들만의 독특한 구조와 규칙을 설정하도록 돕는다. 결국 이는 다양한 웹3 기술을 활용하여 더 투명하고 더 공정하며 참여적인 조직 운영을 가능하게 하는 데 기여한다.

DAO는 전통적인 시민단체를 대체할 수 있다. 스마트 계약에서 미리 정의된 조건이 충족되면 회원의 후원금이나 기여가 자동으로 처리되어 활동가와 지지자 사이의 잠재된 불신을 줄이고 행정 비용도 절감할 수 있다. 또한 DAO는 온라인 시민 참여를 데이터 주권이 보장된 분산형 메타버스로 확장할 수 있다. 이는 물리적 세계에서 권력과 자본으로부터 독립을 주장하지만 디지털 세계에서 여전히 미국 주도의 빅테크 플랫폼에 종속된 공공 저널리즘 활동을 탈중앙화된 가상 환경으로 이동시킬 가능성이 있다. 이렇게 함으로써 전통적인 정보통신 시스템의 비용 부담이나 종속성 문제를 줄이고 탈중앙화를 통해 더 건강한 참여 방식을 촉진할 수 있다.

예를 들어 정치 뉴스를 주로 다루는 유튜브 같은 소셜미디어 채널의 진행 내용 및 채팅방은 주로 채널 운영을 위한 자금 조달에 집중되어 있다. 하지만 회원들이 채널의 존립 기반인 콘텐츠 제작과 유통 시스템을 관리하는 데 DAO를 도입하는 일은 아직 이루어지지 않았다. 공공 저널리즘 분야에서 DAO는 취재 및 제작 기록을 민주화하여 외부에서 데이터에 접근하거나 이를 제한하는 간단한 방법을 제공할 수 있다. 이는 데이터 기반 저널리즘을 개선하고 새로운 방송 개념과 자금 조달 방식을 발견하는 데 기여할 수 있다.

따라서 우리나라도 DAO의 특성을 보다 깊이 이해하고 목적 중심 토큰의 특성과 운영 방식을 고려하여 구체적이고 명확한 규제 방안을 마련해야 한다. 이를 통해 웹3 산업을 성장 동력으로 육성하고 토큰 보유자를 효과적으로 보호할 수 있다. 이는 크립토가 단순한 금융 기회를 넘어 개인용 컴퓨터, 인터넷, 모바일 등이 세상을 변하게 한 것처럼 네트워크 거버넌스와 참여 민주주의 활성화를 위한 중요한 기술적 전환으로 역할을 해야 한다는 의미다. 이를 위해 위계적이고 폐쇄적인 중앙화된 전통적 조직 운영에서 DAO가 지향하는 수평적이고 개방적이며 분산화된 디지털 혁신을 촉진하는 것이 중요하다.

정책 제안: DAO를 활용한 여론조사

웹3 기술은 사용자가 자신의 디지털 아이덴티티와 창작품을 관리하고 제어할 수 있는 방법을 제공한다. 2025년은 여론조사 영역에서도 웹3 기반 플랫폼으로의 전환이 이슈화되고 점차 가속화되는 시기다. 잘 알다시피 선거와 정치 분야에서 여론조사는 민주주의 국가의 근간을 이루는 중요한 도구로 투명성과 공정성 확보는 시민들의 목소리를 정확하게 반영하기 위한 필수 조건이다. 그러나 여론조사에서 사용하는 전화번호 기반 조사 방식은 개인정보보호 및 신원 확인 문제, 조사 결과 조작 가능성 등의 한계를 지니고 있다. 이를 해결하기 위해서 응답자의 신원 확인을 위한 보다 신뢰할 수 있고 빠른 인증 방법이 필요하다. 일종의 데이터 상호 연결 시스템이 필요하다. 웹3 기반 스마트 계약 설계는 이러한 문제를 해결하기 위한 효율적인 해결책이 될 수 있다.

현행 여론조사는 다음과 같은 문제점이 있다.

선거를 앞두면 각 정당은 예비 후보자의 인지도와 경쟁력을 파악하기 위해 여론조사에 나선다. 여론은 유권자의 의견과 태도를 반영하기 때문에 민주주의 발전에 중요한 역할을 하며 국가 시책 및 중요 안건 결정에 참고 자료로 활용된다. 하지만 민주주의 도구로서의 여론조사는 공정성, 익명성, 투명성 등에 대한 문제점이 지속적으로 제기되고 있다.

전통적 여론조사의 한계를 극복하기 위한 블록체인 기반 솔루션을 개발하는 게 시급하다. 선거와 정치 분야에서 여론조사는 민주주의 국가의 근간을 이루는 중요한 도구로 투명성과 공정성 확보는 시민들의 목소리를 정확하게 반영하기 위한 필수 조건이다. 그러나 현재 여론조사 회사들이 주로 사용하는 전화번호 기반 조사 방식은 개인정보보호 및 신원 확인 문제, 조사 결과 조작 가능성 등의 한계를 지니고 있다. 이러한 문제점은 정치 캠페인에 악용될 수 있으며 궁극적으로는 공정한 선거를 저해하는 요인이 될 수 있다.

예를 들면 지난 2024년 4월 국회의원 선거를 앞두고 선거구민 수백 명이 모인 자리에서 정동영 전 통일부장관이 발언한 내용이 논란을 일으켰다. 그는 “20대들은 죽으라고 전화를 안 받는다. 받아도 여론조사라고 하면 끊어버린다. 여러분이 20대를 좀 해 주십사”라고 언급했다. 이 발언은 정당과 언론사 등이 실시하는 전화 기반 여론조사의 허점으로 볼 수 있다.

현재 여론조사 방법은 성별이나 연령과 같은 신상정보가 제대로 응답 되지 않아도 그 의견을 유권자의 정상적인 의견으로 간주하고 집계하는 데에 문제가 있음을 드러낸다. 이는 여론조사의 결과가 실제 유권자의 의견을 정확하게 반영하고 있지 않을 수 있음을 시사하며 특히 젊은 층의 의견을 허위로 반영하기 위해서 조직적인 응답자 조작 등이 가능하다는 지적으로 이어진다. 이러한 상황은 여론조사 방식의 혁신과 개선을 요구하는 목소리로 이어지고 있으며 더 다양하고 포괄적인 방법을 모색해 유권자 전체의 의견을 보다 정확히 파악하는 데 중요한 계기를 만들 필요가 있다.

응답자의 신원 조작을 방지하기 위해 필요한 안전 보장 장치는 실제 신분증을 통한 인증 방법이다. 인터넷 뱅킹과 유사하게 신분증 혹은 신원을 입증하는 문서를 통하여 인증하는 것이다. 하지만 실제 여론조사에서 이것은 또 다른 보안 및 확장성 문제를 야기한다. 실제로 여론조사 회사에서 수백에서 수천 명에 해당하는 응답자의 신원 문서를 직접 확인할 수 없으며 시스템이 신분증을 즉시 촬영해서 인증해야 한다. 하지만 여론조사 회사에서 스캔한 것을 자동으로 확인하고 신속하게 처리하기도 힘들다.

이러한 문제점들을 해결하기 위해서는 일종의 데이터 상호 연결 시스템 구축이 필요하지만 영세한 여론조사 회사와 이를 주로 활용하는 언론사에 법·제도적으로 의무화하는 것은 현실적으로 어렵다. 따라서 여론조사 참여 응답자의 신원 확인을 위한 보다 신뢰할 수 있고 빠른 인증 방법이 필요하다. 블록체인 네트워크 기반 시스템 구축과 스마트 계약 설계는 이러한 문제를 해결하기 위한 효율적인 솔루션이 될 수 있다.

허가된 블록체인에서는 선거관리위원회, 여론조사 회사, 언론사, 학계, 시민단체 등 다양한 기관들이 시스템에 참여할 수 있으며 스마트 계약을 통해 합법적이고 안전하며 불변한 여론조사 수행이 가능하다. 또한 분산적이고 투명한 방식으로 여론조사 결과를 공유하고 관리할 수 있다. 블록체인 기술은 제3자에 의존하지 않고 자체 분산 노드를 통해 데이터 상호작용, 검증 및 저장을 수행하는 기술 솔루션이기 때문이다.

왕(Wang) 등은 블록체인 기반 여론 모니터링을 통해 위험 예측과 신뢰성 확보를 언급했다.[186] 그들은 응답자의 충성도에 영향을 미치는 네트워크 환경을 여러 수준으로 유형화하여 여론의 영향 요인을 탐색하는 기술적 시스템을 실험했다. 그 결과 블록체인 기술을 활용한 여론 네트워크 구조는 단일 블록 링크형, 블록 중심점형, 복합

186 Wang, Z., Zhang, S., Zhao, Y., Chen, C., & Dong, X. (2023). Risk prediction and credibility detection of network public opinion using blockchain technology. Technological Forecasting and Social Change.187, doi: 10.1016/j.techfore.2022.122177

블록 링크형의 세 가지 유형으로 나뉘며 복합 블록 링크형이 핵심 지배 구조, 단일 블록 링크형이 기본 구조, 블록 중심점형이 전환 구조를 지닌다는 것을 발견했다. 또한 이를 통해 여론조사와 관련된 블록체인 모드 최적화를 위한 기술적 지원이 중요함을 강조했다.

블록체인에서 가장 일반적인 인증 방법은 개인 키와 공개 키 쌍을 이용한 서명으로 신원 일치를 보장하는 방식이다. 하지만 베이나브댈러(Benabdallah) 등이 지적했듯이[187] 이 알고리즘은 널리 사용되고 있지만 사용자의 개인 키 유출 가능성이 존재한다. 또한 비밀번호 분실이나 해킹 공격 시 복구 과정이 매우 복잡하다는 문제점이 있다. 따라서 새롭게 제안된 방법은 응답자에 대한 생체 인증을 추가적으로 사용하는 것이다. 즉, 앞서 언급한 키 교환 문제를 해결하기 위해 사용자 고유의 해시를 형성하는 눈의 지문 또는 홍채 사진을 인증 수단으로 활용하는 방식이다.

이러한 제안은 매우 흥미롭지만 실제 선거 투표 상황이 아니라 여론조사에 참여하면서 응답자에게 생체 정보까지 요구하는 것은 거의 불가능할 것으로 보인다. 생체 정보가 개인 전화기나 이메일로 전송된 코드보다 훨씬 더 안전한 열쇠임은 분명하지만 응답자의 신원 사기 위험성을 크게 줄이고 여론조사 결과가 왜곡되지 않도록 보장하는 새로운 솔루션이 필요하다.

웹3 기반 여론조사의 당면과제는 응답자의 정직한 참여와 신원을 안전하게 보호하는 것이다. 이를 위해 웹3 기반 시스템을 도입하

187 Benabdallah, A., Audras, A., Coudert, L., Madhoun, N.El, & Badra, M. (2022). Analysis of Blockchain Solutions for E-Voting: A Systematic Literature Review, IEEE Access, 10, 70746-70759, doi: 10.1109/ACCESS.2022.3187688

는 방법을 고려할 수 있다.

웹3 기반 운영을 위해 여론조사에 블록체인의 자기 주권 신원 기술(SSI, Self-Sovereign Identity) 도입을 추진하는 움직임이 있다. SSI는 W3C(World Wide Web Consortium) 표준 DID(Decentralized Identity)와 기존 신분증을 활용하여 참여자를 인증하는 기술로 과학적 여론조사 수행 및 통계 데이터 생성을 위한 신기술로 알려져 있다. W3C는 웹의 접근성, 국제화, 개인정보보호, 사이버 보안을 기반으로 모든 사람이 웹을 활용할 수 있도록 기술 지침과 표준을 개발하는 국제기구다.

W3C는 개인이 자신의 정체성을 직접 관리할 수 있도록 분산형 신원(DID) 증명 시스템을 2022년에 제안했다.[188] 2023년에 사이버 보안에 대한 유럽연합 사무국에서도 이 시스템을 지지하는 기술문서를 발표했다.[189] SSI와 DID가 결합하면 개인은 자신의 데이터(신원)를 독점적으로 제어하고 공개할 데이터의 속성을 선택할 수 있다. 또한 디지털 서명과 신뢰할 수 있는 제3자의 검증을 통해 다양한 플랫폼이 신원 데이터에 대한 접근 여부를 허용하고 관리할 수 있다.

SSI-DID를 사용하는 여론조사 참여자는 개인정보 포괄 승인 없이 데이터 공유 여부를 선택할 수 있다. 여론조사 관계자는 데이터

---

188 W3C (2022). Decentralized Identifiers (DIDs) v1.0 becomes a W3C Recommendation. W3C Press release. https://www.w3.org/press-releases/2022/did-rec

189 Alamillo, I., Mouille, S., Röck, A. et al. (2023). European Union Agency for Cybersecurity, Digital identity standards - Analysis of standardisation requirements in support of cybersecurity policy, European Union Agency for Cybersecurity, https://data.europa.eu/doi/10.2824/28598

접근 권한을 부여받더라도 응답자의 데이터 통제 권한은 독점적이며 응답자는 공유 대상과 기간을 제어할 수 있다. 결과적으로 응답자는 여론조사 기관이 꼭 아니더라도, 신뢰할 수 있는 제3자를 통해 신원 정체성을 공개하고 의견 오용 여부를 기술적으로 확인할 수 있다.

한편 여론조사는 조사 과정에서 참여자의 익명성을 보장하는 것도 중요하지만 참여자가 온전히 자신의 의견을 독립적으로 드러낼 수 있도록 하는 것이 더 중요하다. 밀짚 조사라는 용어가 시사하는 바와 같이 이해관계자 집단이 여론몰이를 위해 여론조사를 기획하고 편향적으로 결과를 보도하는 당파적 유튜버나 언론사의 비윤리적 행태가 그렇다. 유권자의 목소리를 듣기 위해서 조사하는 것이 아니라 조사를 명목으로 특정 여론을 만들어내려는 의도가 있으면 이를 배제해야 한다.

이런 측면에서 여론조사 참여자에 대한 보상은 매우 중요하다. 인터넷이 웹1(홈페이지), 웹2(소셜미디어)에서 웹3(분산 연결망)으로 진화한 가장 큰 이유는 이용자를 단순한 수단으로 간주하고 다대다 수평적 소통과 자율적인 보상 시스템을 구축하지 못했기 때문이다. 맞춤화된 온라인 광고는 이용자의 개인정보와 활동 내역을 기반으로 사생활 감시 노동이라는 비판을 받기도 했다. 이와 유사하게 여론조사 회사는 유권자가 응답한 의견과 태도를 데이터로서 제대로 관리하지 못하고 있으며 언론은 그 결과를 공정하게 전달하지 못하고 있다는 지적이 있다.

여론조사에 이용당한다는 응답자들의 불만과 분노가 커지고 있으며 이로 인해 여론조사에 대한 공중의 신뢰도가 떨어지고 있다. 결과적으로 여론조사 회사나 언론이 지배하는 중개자 모델에 대한 회의와 절망이 커지고 있으며 새로운 모델에 대한 요구가 증가하고 있다. 예를 들어 지갑을 통해 매개하고 인증할 수 있는 보상 기반 여론조사가 가능하다. 특히 웹3는 SSI-DID 기술을 통해 '자체 인증 프로토콜' 방식이 가능하므로 NFT와 같은 디지털 토큰으로 여론조사 참여 활동에 대한 보상이 가능하다. 적절한 보상은 참여율을 높이고 응답의 질을 향상하며 여론조사 결과의 신뢰도를 높일 수 있다.

응답자가 받게 되는 보상은 블록체인 기술을 사용하여 투명하게 관리되고 추적된다. 물론 응답자는 지갑을 통해 보상을 사용하거나 다른 사람에게 전송할 수 있다. SSI-DID 기술을 통해 참여자는 자신의 신원이 안전하게 보호되고 중개자가 필요 없이 직접 여론조사에 참여할 수 있다. 또한 여론조사 결과의 위조 또는 조작을 방지할 수 있다. 전반적으로 여론조사 참여 과정이 간소화되지만 조작 가능성이 낮아 효율성이 높아진다. 또한 SSI-DID 가이드라인을 따른 일관된 디지털 연결 세계를 개발하여 여론조사 소프트웨어에 구현하면 더 많은 사람들의 안전한 참여와 자발적인 의견 기여를 통해 여론조사 혁신을 이끌어낼 수 있다.

하지만 쌍방향 소통 없이 이루어지는 보상은 단순히 쓰레기 데이터를 생산할 뿐이다. 유권자들은 단순히 질문에 응답하는 것 이상을 원한다. 그들은 여론조사의 설계, 분석, 보도에 이르는 전 과정에 직접 참여하고 싶어 한다. 하지만 저비용이라는 장점 때문에 자동응답시스템(ARS, Automatic Responding System)에 대한 의존도가 높아지면서 최소한의 참여 기회조차 막혀 버렸다. 이제는 DAO를 활용하여 누구나 문항을 제작하고 문항의 편향성을 검증하는 과정에 참여할 수 있는 시대를 열어야 한다. 이렇게 되면 전자상거래, 미디어 및 엔터테인먼트, 출판 등 관련 비즈니스 생태계의 신뢰성과 규모가 증가할 수 있다.

하지만 아직 해결해야 할 과제도 남아 있다. 웹3 기반 여론조사는 제한된 답변 시간으로 즉각적인 답변을 강요했던 기존 시스템과는 달라야 한다. 이것은 즉각적이고 현장감 있는 여론을 알고 싶어 하는 정치인이나 언론의 입장과 충돌할 수 있다. 설상가상으로 웹3 시스템을 통한 참여와 보상을 통해 데이터의 가치를 법적으로 인정받으려면 온라인상 가상자산에 대한 민사적 보호권을 규정해야 한다. 여론 데이터에 대한 소유권 혹은 보상을 부여하기 위해 NFT를 발행하고 이를 금융시장과 연계하기 위해서는 데이터 이동권, 데이터 저작권 등에 대한 법적인 근거를 마련해야 한다.[190]

---

190 문상권 (2024.01.31.). [데이터거래사 ②] 데이터 유통 거래 시 법적 쟁점(데이터 거래 유통 생태계 관점에서). 컴퓨터월드 홈페이지 강좌 섹션. https://www.comworld.co.kr/news/articleView.html?idxno=51045

웹3 공간에서 디지털 격차와 리터러시

가상자산과 NFT 접근성 향상을 위한 움직임

NFT 공간에서 접근성과 기회의 공정성을 개선하는 데 아직 갈 길이 멀지만 PoC(People of Crypto), WoW(World of Women)와 같은 글로벌 프로젝트는 웹3가 궁극적으로 달성해야 할 다양성과 포용성을 촉진하는 것이 중요함을 시사한다. PoC와 WoW가 주도하는 프로젝트들은 웹3 기술의 개발과 참여에서 소외된 그룹의 대표성을 증진해 더 공평한 디지털 생태계를 만드는 것을 목표로 한다.

PoC는 소외된 그룹의 접근성을 높이고 창작을 돕기 위해 여러 이니셔티브를 시작했으며 그중 하나는 힙합 50주년을 기념하는 몰입형 게임화된 디지털 경험인 '컬쳐버스'다.[191] 이 이니셔티브는 월마

191 상세한 내용은 웹사이트를 참고 바람. https://www.peopleofcrypto.io

트와 같은 주요 후원자들의 지원을 받으며 비닐 레코드 수집, 챌린지 완수, 상금 경쟁 등의 활동을 포함한다. 이 프로젝트는 문화를 창의성과 결합하여 웹3의 기술 발전을 더 많은 사람들에게 접근 가능하고 매력적으로 만드는 것을 목표로 한다. PoC는 분산된 접근과 사용자 통제를 중시하여 웹3가 전통적인 위계 구조와 권력 구조를 뒤엎는 데 도움이 될 수 있다고 믿는다 <그림 35>.

<그림 35> 오픈씨(OpenSea)에 개설된 PoC의 NFT 컬렉션

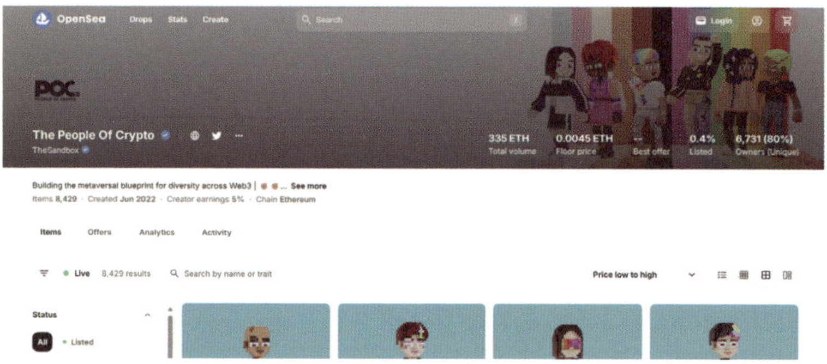

출처: 오픈씨(OpenSea)[192] (2024년 10월 4일 캡처)

WoW의 프로젝트는 웹3 기술 분야에서 여성의 대표성을 높이고 포용성을 확대하기 위한 커뮤니티 활동의 일환으로 2021년부터 NFT를 구축해 왔다.[193] WoW는 10,000개의 NFT로 구성되어 있으며 각 NFT는 다양한 배경을 가진 여성의 모습을 담아 다양성과 포용성을 기념한다. 2022년에는 World of Women Galaxy(WoWG) 컬

192 https://opensea.io/collection/peopleofcrypto

193 상세한 내용은 웹사이트를 참고 바람. https://www.worldofwomen.art

렉션이 출시되어 원래 컬렉션의 NFT를 기반으로 새로운 형태로 진화한 22,222개의 NFT로 확장되었다. 이 프로젝트는 영화 및 TV 시리즈의 엔터테인먼트 분야와 협력하여 상업적으로 더욱 확장할 계획도 발표해 주목받고 있다. 또한 WoW 소유자는 자신의 NFT 이미지를 상업적으로 사용할 수 있는 권한을 가지며 다양한 커뮤니티 혜택을 받을 수 있다. WoW는 여성과 소수자를 웹3 및 NFT 공간에 소개하고 교육하는 것을 목표로 하며 이러한 활동을 통해 더 많은 여성들이 웹3 기술과 NFT 공간에 참여할 수 있도록 돕고 있다.

오픈씨의 PoC, WoW 페이지에는 창작자의 요청된 수익률을 지급하는 목록을 표시하는 옵션이 있다. 이 기능은 창작자가 자신의 NFT 판매 시 일정 비율(예: 4%)의 수익을 받을 수 있도록 설정할 수 있게 한다. 이러한 설정은 '크리에이터 수익' 또는 '크리에이터 로열티'라고 한다. 이 옵션을 통해 NFT 마켓플레이스 사용자(구매자)는 특정 크리에이터의 요청된 로열티 비율이 포함된 NFT만을 검색하고 표시할 수 있다. 이를 통해 구매자는 거래 시 크리에이터의 로열티가 제대로 지급되는지 확인할 수 있으며 크리에이터는 자신의 작품에 대한 정당한 보상을 받을 수 있다. 이는 크리에이터의 권리를 보호하고 NFT 생태계의 지속 가능한 성장을 돕는 데 기여한다 <그림 36>.

예를 들어 블록체인 기술의 본질적 특징으로 볼 때 웹3는 창작자가 소비자에게 직접 다가갈 수 있기 때문에 성별, 인종, 사회경제적 경계를 넘어 시장 접근성을 향상할 수 있다. 이러한 포용성 문제는 해결하기에 복잡해 보이지만 웹3 비즈니스가 활성화되려면 이를 해결하기 위해 계속 노력하는 것이 필요하다. 만병통치약은 없기 때문이다.

<그림 36> 오픈씨(OpenSea)에 개설된 WoW의 NFT 컬렉션

출처: 오픈씨(OpenSea)[196] (2024년 10월 4일 캡처)

하지만 NFT 및 기타 디지털자산에 대한 접근은 단순히 기술 문제만이 아니다.[195] 다양성, 형평성, 포용성을 높이기 위해서는 지속적인 도전 과제가 존재한다. 디지털 격차는 사회경제적, 인종적, 지리적 경계 전반에 걸쳐 만연해 있으며 특히 웹3 기술의 비용과 복잡성은 많은 사람들에게 접근 장벽이 되어 왔다.

2021년에 유행하던 초기 NFT는 구매를 위해 가상자산에 접근해야 했고 상당한 가격표를 달고 있었다. 결과적으로 소비자 기반은 부유하고 백인과 남성이 많았다. 이후의 NFT 제품들은 이러한 소비자 계층에 직접 맞춰져서 웹3 공간에서의 참여 다양화 문제를 더욱 악화시켰다. 디지털 산업 분야에서 기업 CEO 및 피고용인, 그리고 투자받는 사람의 대표성 측면에서 인구 사회적 속성을 균형적으로 반영하는 데 어려움을 겪어왔으며 웹3도 예외가 아니라는 점을 다시

---

194 https://opensea.io/collection/world-of-women-nft

195 사례 이후에 나오는 디지털 격차의 전망에 대한 상세한 내용은 이 책을 참고 바람. Kaczynski, S., & Kominers, S.D. (2024). The Everything Token-How NFTs and Web3 will transform the way we buy, sell, and create. Portfolio. pp. 199-201.

보여 준 것이다.

웹3 기반 콘텐츠의 대표적 사례인 NFT는 모든 유형의 사람들에게 가치를 창출할 잠재력이 있다. 특히 비트코인과 이더리움 등 공개형 블록체인의 분산되고 개방된 특성을 감안할 때, 원칙적으로 NFT 공간은 이전에 등장한 많은 기술보다 더 다양해질 수 있는 기회를 제공한다. 그럼에도 불구하고 디지털 신기술은 장애 접근성에서 종종 어려움을 겪는다.

예를 들어 대부분의 초기 NFT 프로젝트는 시각 장애인을 위한 설명 텍스트 없이 이미지를 중심으로 시작되었다. 물론 메타버스 공간에서 시각 및 청각 장애인은 음성 변조기와 사운드카드의 보조적 기술을 통해 의사소통의 도움을 받을 수 있다. 그렇지만 장애가 있는 창작자 개인이 제한 없이 NFT 공간에 접근하고 탐색하기 위해서는 디지털로 매개된 사회적 환경의 상호작용성은 아직 개선의 여지가 크다.

수많은 NFT 컬렉션이 있지만 논바이너리[196]와 같은 LGBTQIA+[197], 비(非)백인 여성과 같은 인종적 소수자, 원주민 그룹, 장애인 커뮤니티 등은 여기에 접근하는 데 어려움을 겪고 있다. 하지만 이를 지원

196 논바이너리(non-binary)는 남성이나 여성으로 분류되지 않는 젠더 정체성을 가진 사람들을 의미하는 것으로 이러한 사람들은 다양한 젠더 스펙트럼에서 자신의 정체성을 찾으며 일부는 젠더 중립적이거나 유동적인 젠더 정체성을 가질 수 있음. 사례로는 『Billions』의 배우 아시아 케이트 딜런과 가수 샘 스미스가 있는데 둘 다 자신을 논바이너리로 정체화하며 성별 대명사로 they/them을 사용함.

197 레즈비언, 게이, 양성애자, 트랜스젠더, 퀘스쳐닝/퀴어, 인터섹스, 에이섹슈얼, 그 외의 모든 성적 지향과 젠더 정체성을 포괄하는 용어임.

하기 위한 웹3 기술과 관련 단체는 절대적으로 부족하다. 공공정책과 인도주의적 사업을 통해 다양한 사람들이 경계를 넘어 참여하는 것이 시장 접근성을 향상하고 글로벌 인구를 대표하는 더 포용적이고 대표적인 NFT 공간을 만들 수 있다. NFT와 같은 웹3 혁신은 특히 창작 작업을 위한 마켓플레이스 접근성을 평준화하여 공정성과 평등성의 이미지로 세상을 재구성할 기회를 제공할 수 있다.

따라서 누가 웹3 기반의 콘텐츠와 서비스의 제작, 유통, 구매 등에 참여하는지에 대한 신뢰할 만한 통계 조사가 필요하다. 왜냐하면 웹3 분야의 디지털 격차 문제를 해결하는 첫 번째 단계는 이러한 문제가 어떤 형태로 존재한다는 것을 인식하는 것이다. NFT 제품 및 인프라 창작자와 소비자들 사이에 더 넓은 접근성과 인구 사회적 대표성이 없다면 웹3 기술은 오히려 퇴보할 수 있다.

결론적으로 웹3 기술의 맥락에서 디지털 격차는 웹3 기술이 지닌 분산된 접근과 사용자가 주도하는 데이터 통제에 중점을 둔 덕분에 우리는 희망적일 수 있다. 웹3 기술은 그 자체가 전통적인 위계 구조와 권력 구조를 뒤엎을 잠재력이 있기 때문이다. 물론 NFT 프로젝트의 자금 지원은 자력으로부터 특정한 재단의 (비)공개 지원에 이르기까지 다양하다. 프로젝트의 목적과 특성에 따라 민주적 참여에 제한을 두는 경우도 있다.

DAO(탈중앙화 자율 조직)가 가능하게 하는 하향식 커뮤니티 구축은 다양한 배경의 사람들이 만남과 협업을 위한 공간을 만드는 데 도움을 줄 수 있다. 우리는 이러한 인식을 공유하고 웹3 기술의 성공을 위해 소외된 그룹과의 연대감을 지닌 NFT 창작자와 수집가들을 지지하며 PoC 랩 및 WoW과 같은 프로젝트와 협력하는 개인과 기관을 응원할 것이다. 전통적인 스타트업부터 DAO, 대기업에 이르는 다양한 형태의 웹3 분야의 개인과 기관 및 브랜드는 우리가 말하는 디지털 격차가 여전히 비교적 낯설다. 하지만 이들은 디지털 격차 해소라는 큰 가치를 존중하며 웹3 공간의 접근성을 확대하고 널리 알리는 데 동참할 가능성이 크다.

리터러시 교육 프로그램 구축과 가이드라인

미디어 기술 리터러시(media technology literacy)는 미디어와 관련된 기술, 도구, 플랫폼을 이해하고 비판적으로 분석하며 효과적으로 사용할 수 있는 능력을 포함한다.[198] 이는 미디어의 생성, 분배, 사용, 해석에 필요한 지식과 기술을 개발하는 데 중점을 둔다. 이러한 미디어 리터러시의 개념을 웹3 분야에 적용하면 웹3 기술 리터러시의 주요 요소를 찾을 수 있다.

웹3 기술 리터러시는 탈중앙화 컴퓨팅과 분산적 소프트웨어와 관련된 깊은 이해와 이를 효과적으로 사용할 수 있는 능력을 포함한다. 웹3는 블록체인, 분산형 네트워크, 스마트 계약, 가상자산 등과 같은 기술을 기반으로 하는 인터넷의 새로운 단계로 인터넷 사용자가 데이터 소유권을 갖고 중앙화된 권한 없이 플랫폼과 상호 작용할 수 있는 환경을 의미한다. <그림 37>은 2008년에 비트코인부터 2015년 이더리움 그리고 2025년의 웹3 기술의 연대기적 발전을 압축적으로 보여 준다.

---

198 이희복, 차유철, 정승혜 (2013). 미디어 스마트. 서울: 한경사

<그림 37> 비트코인, 이더리움, 웹3 기술의 발전 과정

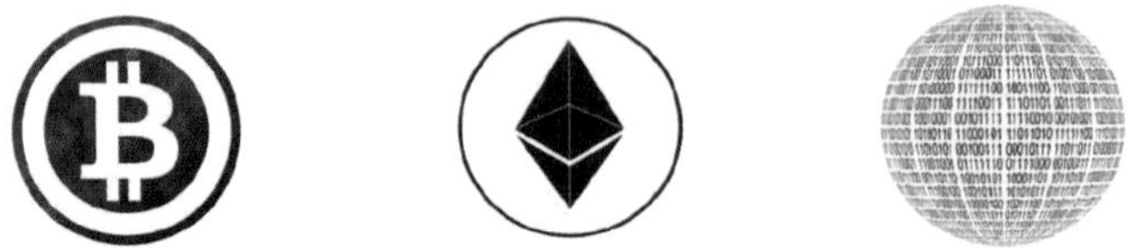

2008
비트코인 첫 번째 발명
디지털 금

2015
이더리움 두 번째 발명
스마트 계약

2025
웹3 세 번째 발명
유동성 민주주의

웹3 기술 리터러시의 주요 요소 중 가장 중요한 것은 블록체인과 새로운 인터넷 민주주의를 이해하는 것이다. 블록체인 기술이 어떻게 작동하고 이 기술이 데이터의 투명성, 보안성, 불변성을 제공하는지 이해한다. 예를 들어 블록체인 기술이 네트워크 보안 플랫폼, 분산 렛저 기술, 가상 컴퓨팅 환경 등으로 어떻게 작동하는지 이해한다. 블록체인 기술을 통해 웹3 기반 인터넷을 구축하고 이용자들이 정보의 인터넷에서 가치, 자산, 소유의 인터넷으로 변화하는 과정에서 다른 사람들이나 기관들과 협력하여 효과적으로 민주주의를 실현하는 능력이다.

특히 이 과정에서 다양한 가상자산과 토큰의 기능과 목적, 그리고 이를 이용한 정치, 경제, 문화 활동을 이해한다. 그리고 대체불가토큰(NFT)을 어떻게 생성하고 배포하며 디지털 지갑을 통해 사용하는지에 대한 지식을 갖추는 것이다. 새로운 기술적 특성을 고려한 의사소통적 요소를 반영하여 설립된 분산자율조직(DAO)은 다양한 디지털 거버넌스 경험을 접할 수 있는 기회를 제공함으로써 시민들의 자율성과 참여도를 증진한다. 이것은 새로운 사고방식을 개발하고 다양한 문화적 배경을 이해하는 데 도움을 주며 사람들의 전반적인 민주주의 수준을 향상할 수 있다.

분산형 애플리케이션의 구조와 작동 원리를 이해하고 스마트 계약이 웹3가 기존 인터넷과 어떻게 다른지, 분산자율조직인 DAO의 주요 이점과 현실 세계에의 적용 사례를 알아야 한다. 이 과정에서 개인의 디지털자산을 안전하게 보관하고 관리하는 방법에 대한 지식을 갖추어야 한다. 무엇보다 중요한 것은 비판적 사고와 윤리다. 웹3 기술의 잠재적인 영향과 윤리적 고려사항을 비판적으로 평가할 수 있는 능력이다. 비판적 사고는 웹3 기술에 기반한 새로운 인터넷이 서비스가 어떻게 구성되었는지, 어떠한 목적으로 만들어졌는지를 분석하고 그 콘텐츠가 갖는 잠재적인 영향과 편견, 목적 등을 비판적으로 평가하는 능력이다. 나아가 DAO를 통한 웹3 커뮤니티와 네트워크에 적극적으로 참여하고 협업할 수 있는 능력이다.

<표 18>은 주제별 웹3 기술과 관련하여 교육의 목표와 내용을 요약하여 제시하며 다양한 대상자에게 맞춰져 있어 교육을 계획하거나 참여하는 데 도움이 될 수 있다.

<표 18> 주제별 웹3 리터러시 함양을 위한 교육의 목표, 내용, 대상

구분	주제	목표 및 내용	대상
웹3	인터넷의 미래	디지털 민주주의에 혁신을 가져올 웹3 기술의 기초와 웹3 커뮤니티 구축, 신뢰와 안전 이슈 탐구로 개인의 자율역량 상승	전체
NFT	대체불가토큰	대중 예술, 미디어 및 콘텐츠 산업, 생활, 환경 등에서 NFT의 개념, 작동 원리, 시장에서의 역할 및 목적 탐구	창작자, 마케터, 개발자
지갑	자산보관	디지털자산의 수동적 보관에서 능동적 거래까지 분별적으로 관리하는 방법과 지갑 선택 및 설정법, 연결 과정의 체험적 이해	일반 사용자

DAO	분산자율 조직	DAO의 운영 방식, 목적지향 토큰의 유형 및 조직 내 적용에 대한 사례 분석	조직 리더, 관리자
토큰 경제	투자 및 커머스	가상자산 투자에 대한 포모 현상, 자기통제 중요성, 디지털 소유권 개념, 디지털 지갑을 활용한 새로운 상거래 유형의 이해와 적극적 활용	개인 투자자, 비즈니스맨
안전 및 보안	해킹 방지	디지털 지갑 보안 위협, 해킹과 사회공학 공격 방지를 위한 전략, 하드웨어 콜드 지갑 사용법 학습	모든 지갑 사용자

사례 분석: 오픈씨 스캠 이메일과 이용자 커뮤니티

이 책을 집필하던 2024년 5월 20일 월요일, 저자는 오픈씨(OpenSea)로부터 내가 오픈씨에 등록한 NFT를 구매하려는 사람이 있다는 메일을 받았다. 사실 오픈씨에 몇몇 NFT를 저장해 두고 있었기 때문에 흥분하여 메일에 포함된 링크를 클릭할 뻔했다. 그러나 제시된 이더리움 가격이 기대보다 높다고 판단하여 이것이 사기일 수 있다는 합리적인 의심을 하게 되었다.

당시 메일을 자세히 살펴보니 몇 가지 수상한 점이 발견되었다. 첫째, 메일 주소가 오픈씨의 공식 주소와 다르다는 점이었다. 둘째, 링크를 클릭하면 평소에 보지 못한 낯선 사이트로 연결될 수 있다는 점이었다. 셋째, 메일 내용이 다소 부자연스럽고 문법 오류가 포함되어 있다는 점이었다. 이러한 점들을 종합해 볼 때, 이는 분명한 스캠 이메일로 보였다.

스캠 이메일은 보통 사용자에게 긴급한 조치를 취하도록 유도하여 사기꾼이 개인정보나 토큰을 탈취하려는 목적으로 보내진다. 특히 NFT와 같은 디지털자산이 주목받으면서 이를 노리는 스캠이 급증하고 있다. 사용자들은 항상 경계를 늦추지 말고 공식적인 채널을 통해 확인하는 습관을 길러야 한다.

이와 같은 경험은 디지털자산 거래에서 주의해야 할 점들을 다시금 일깨워 준다. 첫째, 출처가 불분명한 메일이나 메시지에 포함된 링크는 클릭하지 않는다. 둘째, 거래를 제안하는 메일이 오면 반드시 오픈씨 공식 웹사이트나 앱을 통해 확인한다. 셋째, 제시된 가격이 비정상적으로 높거나 낮다면 의심하고 추가적인 확인 절차를 거친다. 넷째, 의심스러운 메일은 신고하여 다른 사용자들이 피해를 입지 않도록 돕는다.

이러한 예방 조치로 디지털자산 거래에서 발생할 수 있는 위험을 최소화하고 안전하게 거래할 수 있다. 앞으로도 사용자들은 항상 최신 정보를 확인하고 새로운 스캠 수법에 대비해야 할 것이다 <그림 38>, <그림 39>.

<그림 38> 저자에게 온 오픈씨(OpenSea) 이메일의 제목과 앞부분

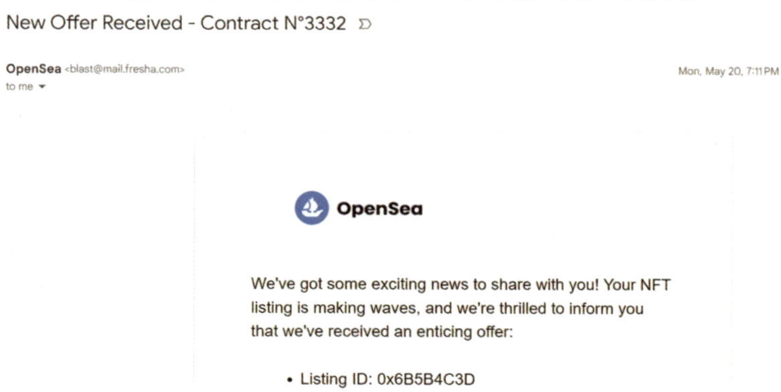
New Offer Received - Contract N°3332

OpenSea <blast@mail.fresha.com> Mon, May 20, 7:11 PM
to me

OpenSea

We've got some exciting news to share with you! Your NFT listing is making waves, and we're thrilled to inform you that we've received an enticing offer:

- Listing ID: 0x6B5B4C3D

<그림 39> 스캠 이메일이 저자에게 제시한 NFT 매수 가격

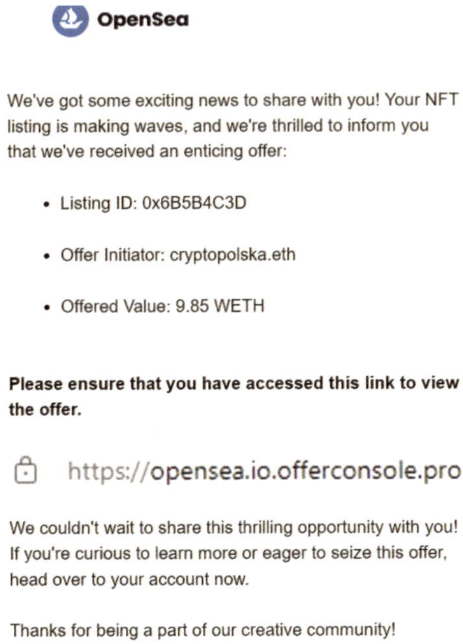

OpenSea

We've got some exciting news to share with you! Your NFT listing is making waves, and we're thrilled to inform you that we've received an enticing offer:

- Listing ID: 0x6B5B4C3D
- Offer Initiator: cryptopolska.eth
- Offered Value: 9.85 WETH

Please ensure that you have accessed this link to view the offer.

https://opensea.io.offerconsole.pro

We couldn't wait to share this thrilling opportunity with you! If you're curious to learn more or eager to seize this offer, head over to your account now.

Thanks for being a part of our creative community!

오픈씨는 전 세계에서 가장 규모가 큰 NFT 거래소로 이를 이용하는 사람들이 점점 증가하고 있다. 이러한 상황에서 오픈씨를 통해 거래를 제안받는 경우가 많아지고 있다. 아래는 이용자들이 오픈씨에서 받은 오퍼(offer) 이메일이 스캠인지 합법적인지를 판별하는 방법을 토론하는 그림이다. 영어권에서 유명한 토론 사이트인 레딧(Reddit)에서 오픈씨 스캠 이메일에 대해 이용자들이 정보를 교환하는 모습은 토큰 리터러시와 NFT 윤리 확산에 대한 디지털 교육의 필요성을 반영하고 있다 <그림 40>.

<그림 40> 오픈씨(OpenSea) 스캠 이메일에 대해 레딧에서 이용자들이 자발적으로 토론을 하는 모습

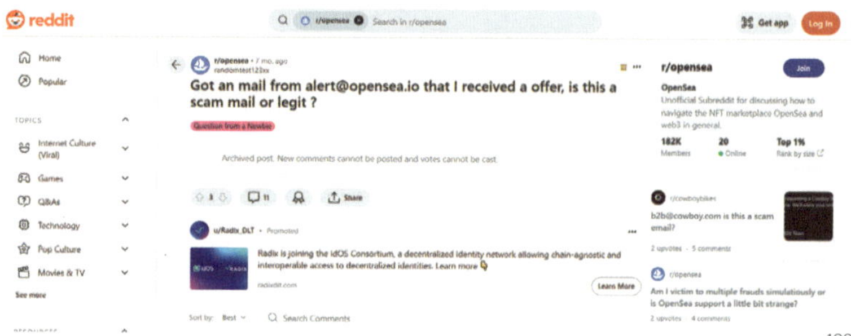

출처: 레딧[199]

이를 바탕으로 네트워크 사례 분석의 실제를 실습해 보자.[200]

첫째, 노드엑셀에서 다음의 쿼리(query)를 사용하여 오픈씨 계정을 둘러싼 잠재적 사기와 관련된 논의를 다루는 커뮤니티를 식별한다.

키워드는 'open sea scam email'로 설정한다.

둘째, 매개변수(parameters)를 다음과 같이 설정한다.[201]

설정① 기본 네트워크 플러스 태그를 설정한다. 설정② 2023년

199 https://www.reddit.com/r/opensea/comments/17izyyr/got_an_mail_from_alertopenseaio_that_i_received_a/?onetap_auto=true&one_tap=true

200 이 네트워크 분석은 저자의 미디어커뮤니케이션 대학원 박사과정인 림카밀(필리핀)의 도움으로 수행하였음.

201 Basic Network Plus Tag, Limited to 250 posts until 10/1/2023 (this was an estimate as the reference showed was dated 7 months ago from May)

10월 1일까지 250개의 포스트로 제한한다[202] <그림 41>.

<그림 41> 노드엑셀 레딧 데이터 수집 화면

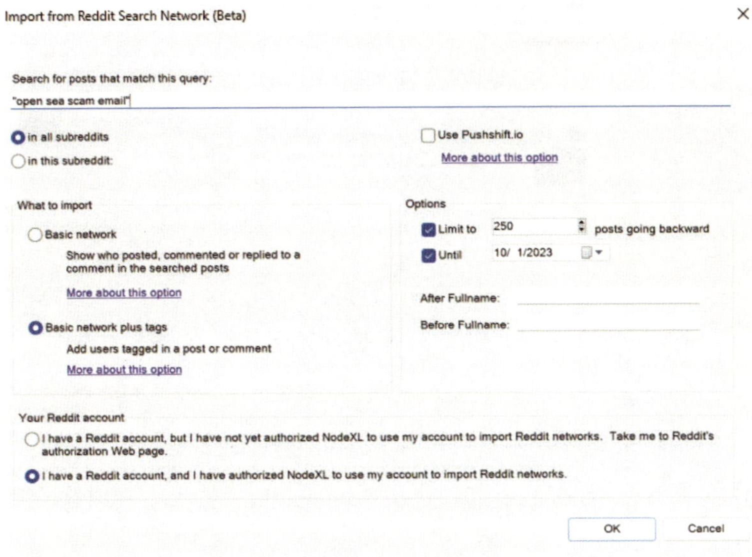

셋째, 매개변수의 지시 사항을 설명하면 다음과 같다.

이것은 최근 포스트에 'open sea scam email'이라는 내용을 포함하거나 댓글을 달거나 댓글에 답변하거나 포스트나 댓글에 태그된 50명의 레딧 사용자 네트워크를 나타낸다. 모든 서브(sub) 레딧을 대상으로 검색을 수행했으며 네트워크는 최대 250개의 포스트로 제한된다. 네트워크는 2024년 6월 4일 화요일 01:04 UTC[204]에 레딧에서 얻은 것이다. 각 포스트에 대해 하나의 에지(edge), 포스트의

202 참조가 2023년 5월 기준 7개월 전인 것으로 보임.

각 댓글에 대해 하나의 에지, 댓글에 대한 각 답변에 대해 하나의 에지가 있다. 각 태그된 사용자에 대해 하나의 에지가 있다.

넷째, 네트워크 분석의 결과를 간략히 요약하면 <표 19>와 같다.

<표 19> 네트워크 분석 결과

지표	값
네트워크 유형	방향성
노드(nodes/vertices)	50
고유 에지(unique edges)	79
중복 에지(edges with duplicates)	334
총 에지(total edges)	413
최대 지오데식 거리(maximum geodesic distance)	3
평균 지오데식 거리(average geodesic distance)	1.95
밀도(density)	0.053

다섯째, 네트워크 분석의 결과를 정리하면 다음과 같다.

해당 네크워크는 50개의 노드(레딧 계정)와 413개의 에지(댓글이나 언급과 같은 상호작용)를 포함하는 방향성 그래프를 구성한다. 방향성 그래프란 의사소통 메시지의 송신자와 수신자가 따로 표시되는 네트워크를 말한다. 이 중 79개의 고유 에지와 334개의 중복 에지가 있으며 이는 동일한 계정 쌍 간 빈번한 반복 상호작용을 나타낸다.

---

203 'universal time coordinated'의 약어로 일반적으로 협정세계시(協定世界時)로 번역한다. 이것은 국제적인 표준 시간의 기준으로 쓰이는 시각이다. 한국은 UTC+9 시간대에 속하므로 UTC 시간에 9를 더하면 한국 환산 시각이다.

특히 34개의 자기 루프(self-loop)가 있어 일부 계정이 자신의 포스트에 댓글이나 대댓글을 달면서 정보 제공이나 토론에 주도적으로 참여하는 것을 알 수 있다. 상호 연결된 노드 쌍(pair) 비율이 약 0.54, 상호 연결된 에지 비율이 약 0.70으로 많은 계정이 상호작용을 통해 활발히 교류하고 있음을 보여 준다.

<그림 42>에 제시되어 있듯이 네트워크는 2개의 연결된 하위 그룹으로 구성되며 하나의 하위 구성 요소는 단일 고립 노드고 다른 하나는 413개의 에지로 연결된 49개의 노드로 구성된다. 이는 네트워크의 대다수가 상호 연결되어 있으며 단 하나의 계정만 다른 계정들과 상호작용하지 않음을 나타낸다. 최대 지오데식 거리3과 평균 지오데식 거리 약 1.95는 정보나 상호작용이 네트워크를 통해 비교적 빠르게 확산할 수 있음을 시사한다. 두 계정 간 가장 먼 거리는 3단계고 평균 거리는 2단계 미만이다. 네트워크 밀도가 약 0.053으로

<그림 42> 레딧 이용자들 사이의 토론 네트워크

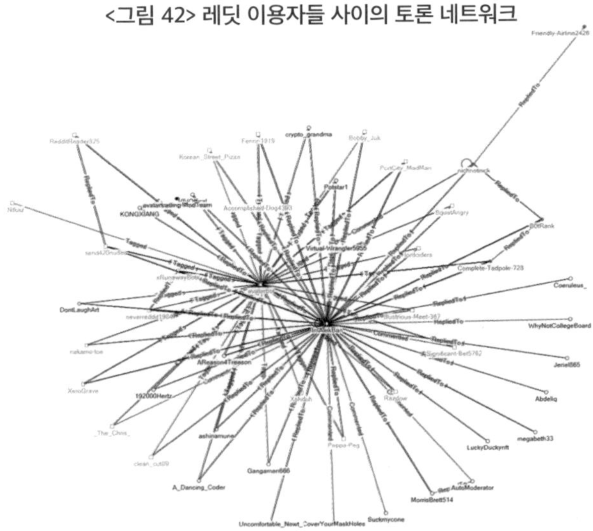

가능한 연결 수가 100이라면 실제 연결 수의 비율은 5.3%로 다소 엉성한 네트워크다. 그럼에도 총 에지 수가 많고 상호 연결된 상호작용이 있어 활발하고 참여적인 계정 그룹이 존재함을 나타낸다.

여섯째, 분석 결과를 해석하면 다음과 같다.

그림에는 게시된, 답변된, 댓글 및 태그된 4개 유형의 관계가 모두 존재하면서 사용자 간 활발한 상호작용과 참여를 보여 준다. 태그된 상호작용이 가장 두드러져 특정 개인의 참여를 구하는 협력적 분위기를 나타낸다.[204] 다음으로는 콘텐츠와 높은 참여 수준을 반영하는 연결된 상호작용이 있다. 답변된 상호작용은 조금 덜 빈번하지만 정기적으로 발생하며 이는 사용자 간 지속적인 대화와 상호작용을 나타낸다. 하지만 이것은 몇 번의 교환 후에는 지속되지 않을 가능성도 있다. 마지막으로 사용자가 커뮤니티 내에서 활발히 콘텐츠를 생성하고 이러한 다른 관계를 유발함을 의미하는 게시된 관계가 있다.

에지 분석에 이은 계정 분석 결과 이 토론에 참여한 레딧 이용자들은 주로 디지털 수집품, 가상자산 및 틈새(niche) 커뮤니티 상호작용과 관련된 활동에 참여함을 알 수 있다. 이러한 관심사는 오픈씨가 제공하는 기능과 밀접하게 일치한다. 오픈씨는 디지털자산의 거래, 구매 및 전시를 용이하게 하며 블록체인 기술을 활용하여 안전하고 검증할 수 있는 소유권을 제공한다. 이 플랫폼은 사용자가 컬렉션을 확장하고 디지털자산 애호가의 더 넓은 커뮤니티와 상호작용할 수 있는 이상적인 마켓플레이스다. 가상자산과의 통합은 오픈씨와

204 13개의 계정이 모더레이터로 태그되어 있음.

상호작용을 더욱 증진한다.

해당 네트워크에 참여하는 이용자들은 일반적으로 빈번한 댓글 달기 및 높은 카르마(karma)를 가지고 있어 오픈씨 스캠 메일 주제에서 활발히 참여하고 있는 가치 있는 기여자다. 하지만 해석에 주의할 점은 이들이 플랫폼의 사용자로서 특정 주제에만 댓글을 달고 해당 토론방에서만 기여할 가능성이 있다.

한편 '게시된' 기능에 대한 답변, 댓글 및 태그에는 다양한 토큰을 사용하여 서로 팁을 주고받고 커뮤니티 기여에 대한 감사를 표현하는 사례가 많이 있다. 이러한 상호작용은 종종 팁에 감사하고 좋은 행동이나 유용한 정보에 대해 인정을 표하며 사기 예방을 위한 안전한 관행을 홍보하는 대화를 포함한다. 이러한 대화는 사용자들이 자주 상호 지지하며 디지털 토큰을 통해 사회적 및 경제적 상호작용이 얽혀 있는 활기찬 온라인 커뮤니티를 나타낸다. 이 행동은 커뮤니티 참여와 신뢰를 증진하기 위해 가상자산과 같은 시스템의 통합을 보여 준다.

사기 인식에 대한 논의는 회원들을 교육하고 보호하려는 커뮤니티 주도의 노력을 강조한다. 이러한 경계심은 디지털자산 보호에 대한 집단적 책임을 반영하여 디지털 신뢰와 보안이 중요한 온라인 커뮤니티에서의 더 넓은 경향을 나타내기도 한다. 전반적으로 이러한 상호작용은 디지털 토큰을 활용하여 사회적 유대를 강화하고 긍정적인 행동을 촉진하며 가상 환경에서 집단적 책임감을 조성하는 방법을 보여 준다.

일곱째, 토큰 리터러시 및 NFT 윤리 확산에 대한 시사점

오픈씨 사기 논의에 형성된 커뮤니티는 주로 디지털 수집품 애

호가, 가상자산 사용자 및 레딧 수집 아바타 수집가와 같은 틈새 그룹으로 구성되어 있다. 이들은 특정 주제 내에서 높은 참여도를 보이며 주로 댓글, 답변 및 태그를 통해 상호작용한다. 높은 댓글 및 링크 카르마를 가지고 있지만 친구 수와 받은 쪽지 수는 적어 광범위한 플랫폼 활동보다는 특정 주제에 집중하는 경향이 있다. 커뮤니티는 디지털 토큰 등을 자주 사용하여 서로 팁을 주고 감사의 뜻을 표하며 사회적 및 경제적 상호작용이 얽혀 있는 지지적인 환경을 조성하고 있다.

온라인 커뮤니티에서 이용자들의 이러한 자발적 행동은 교육과 경계심을 중시하는 자율규제 커뮤니티가 존재함을 보여 준다. 이용자들은 안전한 관행을 적극적으로 상호작용하면서 서로에게 홍보하고 디지털자산 보호를 위한 팁을 공유한다. 이것은 웹3 보안에 대한 집단적 책임을 하향식으로 발생하는 것을 반영한다. 아직 디지털 토큰이나 NFT 콘텐츠에 대한 공식적이고 견고한 규제와 법률이 없는 상황에서 이 커뮤니티의 결속과 상호 지원은 사기 메일 제안으로부터 회원들을 보호하는 데 매우 중요한 역할을 수행한다. 디지털 유대를 강화하고 집단적 보안을 촉진하기 위해 신뢰와 디지털 토큰을 활용하는 방법을 보여 주는 자율규제의 예시이기 때문이다.

이에 이 책에서는 실제 사례에 대한 노드엑셀(NodeXL) 네트워크 분석을 통해 이용자들이 스캠 이메일을 식별하는 방법을 배우고 이를 통해 피해를 예방할 수 있는지를 살펴보았다. 이 데이터 분석은 온라인 정보 교환 커뮤니티가 함께 문제를 해결하고 서로를 교육하는 데 중요한 역할을 한다는 것을 시사한다. 디지털자산 거래 시 이용자들은 신뢰할 수 있는 출처나 채널을 통해 정보를 확인하는 습관이 필요하다. 관련 온라인 커뮤니티에서 논의된 예방 조치들은 디지털자산 거래에서 발생할 수 있는 위험을 최소화하는 데 도움을 줄 것이다.

웹3 기술과 크립토 민주주의의 현재

탈중앙화된 인터넷과 새로운 민주주의

이 책에서 웹3 기술 시대의 민주주의가 어떻게 변화하고 있으며 미래에 어떤 형태로 발전할 수 있는지를 탐구하였다. 탈중앙화 기술, 디지털 토큰, 웹3 미디어의 도입과 확산으로 인해 전통적인 (대의) 민주주의 모델은 변화를 맞이하고 있다. 시민들은 이제 더 많은 데이터에 직접적으로 접근할 수 있을 뿐만 아니라 디지털자산을 통해 데이터에서 정보와 지식으로 이어지는 생태계를 소유할 수 있다. 또한 새로운 조직 유형인 DAO를 통해 정치적 토론과 거버넌스에 직접 참여할 수 있는 기회를 얻고 있다. 이러한 변화는 민주주의의 투명성과 참여도를 높이며 보다 분산된 형태의 의사 결정 과정을 가능하게 한다. 앞으로 웹3 기술이 더욱 발전함에 따라 민주주의는 더욱 포용적이고 참여적인 형태로 진화할 것으로 기대된다.

지금까지 플랫폼은 데이터를 수집하고 콘텐츠를 큐레이션하는 강화된 능력을 통해 이용자가 생산한 모든 데이터를 독점해 왔다. 이들은 정보 필터 과정에서 독점적이고 지배적인 역할을 했지만 편리한 서비스를 거의 무료로 제공한다는 점에서 크게 문제가 되지 않았다. 그러나 인터넷과 소셜미디어의 발달로 정보 접근성이 증가하면서 정보 과부하와 허위 정보의 확산이 동시에 초래되었다. 더욱이 네트워크로 연결된 시민들은 새로운 형태의 데이터 식민주의에 편입되어 자율적 시민성을 형성하기 어려워졌다. 이러한 상황에서 시민들이 올바른 정치적 결정을 내리기 어려워지며 민주주의의 질이 저하될 수 있다. 그러나 웹3 기술은 (대의) 민주주의와는 다른 방식으로 시민들이 정치, 경제, 문화적 과정에 더 직접적으로 영향을 미칠 수 있게 한다.

뉴스와 소셜미디어 회사와 마찬가지로 금융기관도 시민을 위한 국가로부터 공인된 법정 화폐를 중개하면서 경쟁으로부터 실질적으로 자유로운 지위를 누려왔다. 글로벌화가 국가 간 상호의존성을 증가시키고 다양한 문화와 경제시스템을 연결했음에도 불구하고 이러한 글로벌화 과정은 남미 및 아프리카와 같은 글로벌 사우스(global south) 지역의 금융 비용을 낮추지 못했다. 이러한 이유로 비트코인과 이더리움 등 가상자산의 자본 독립성과 정치적 자율성은 전통적인 국가적 금융 규제와 충돌하게 되었다. 그러나 이제 비트코인은 경쟁이 치열한 투자 환경에서 '디지털 골드'라는 독특한 판매 포인트를 가지게 되었다. 이더리움은 '월드 컴퓨터' 및 '가상 소프트웨어 환경'으로서 스마트 계약을 통해 직접 민주주의를 유지하고 강화하는 것이 가능해지고 있다.

웹3 기술 시대에는 탈중앙화와 디지털자산의 확산이 민주주의의 새로운 형태를 만들어갈 것이다. 시민들은 데이터를 소유하고 정치적 과정에 직접 참여하며 경제적 자율성을 추구할 수 있는 기회를 가지게 될 것이다.

한편 초기에는 작업 증명 방식(PoW)으로 설계된 이더리움은 지분 증명 방식(PoS)으로 전환함으로써 탈중앙화와 분산화를 기반으로 한 시민권을 제공할 가능성을 보여 주고 있다. 이는 웹3 기술의 민주적 잠재력을 강조하며 주목을 받고 있다. 이더리움을 표방하는 웹3 기술은 개인이 데이터와 자산을 소유하고 통제할 수 있는 탈중앙화된 네트워크를 제공하며 DAO를 통해 중앙 집중식 시스템을 대체할 수 있다. 이러한 기술적 진보는 민주주의의 투명성과 참여를 증진하며 보다 분산된 의사 결정 과정을 촉진한다.

이더리움의 완전하고 충분한 탈중앙화 지향 모델은 여전히 실험적이며 혁신적인 정치 참여와 비즈니스 방식으로 간주되지만 이론적 한계에 머무르는 경향이 있다. 이더리움의 지분증명(PoS)이 가지는 이슈에 대해 대의제에 유사한 대형 검증자가 주도하는 위임지분제(DPoS) 또는 유사한 모델을 통해 규모의 확장성과 속도를 제고하며 다양한 웹3 콘텐츠와 서비스 개발을 추진하는 움직임이 있다. 그러나 검증자 중심의 위임지분제가 때때로 플루토크라시를 초래하며 민주주의적 합의 도출에 장애를 야기한 사례를 스팀잇의 인수 과정에서 소개하였다.

웹3 기술이 해결해야 할 과제

이더리움을 비롯한 많은 웹3 프로젝트들은 여전히 부트스트랩 문제(bootstrap problem)를 겪고 있다.[205] 이는 디지털 플랫폼이나 서비스가 초기에 충분한 사용자나 고객을 확보하지 못해 성장에 어려움을 겪는 상황을 말한다. 특히 소셜미디어와 블록체인 같은 네트워크 효과

205 Dixon, C. (2024). Read Write Own: Building the Next Era of the Internet. New York, NY: Random House.

의존 비즈니스 모델에서 이 문제는 중대한 장애물이 될 수 있다.

<표 20>에서 제시했듯이 메트칼프의 법칙과 리드의 법칙은 디지털 기술 개발자들이 네트워크 효과를 창출하여 광범위한 성장을 이루기 위해 초기 사용자들 사이에서 빠르게 정보가 퍼질 수 있는 밀접한 네트워크를 활용하는 전략이 중요함을 강조한다.

<표 20> 네트워크 효과에서 주로 언급되는 메트칼프 및 리드의 법칙[206]

항목	메트칼프의 법칙 (Robert M. Metcalfe)	리드의 법칙 (David P. Reed)
적용 범위	통신 및 경제 네트워크	사회적 네트워크
가치에 대한 가설	사용자 수의 제곱	사용자 수 두 배의 거듭제곱
예시	인터넷, 전자상거래 플랫폼 등	다양한 문화 조직, 소셜미디어 등

메트칼프의 법칙은 네트워크의 가치는 사용자 수의 제곱에 비례한다.[207] 예를 들어 100명으로 구성된 네트워크가 200명으로 늘어나면 네트워크의 가치는 200명의 제곱인 40,000이 된다. 리드의 법칙은 네트워크의 가치는 사용자 수의 2의 거듭제곱에 비례한다. 예를 들어 100명으로 구성된 네트워크가 200명으로 늘어나면 네트워크의 가치는 2의 200제곱에 해당하는 값으로 급증한다. 하지만 이러한 네트워크 효과에 대한 내용은 주장에 가까운 것으로 가치에 대

206 이 법칙에 대한 사례는 박한우 (2024). 나는 글로컬대학 교수다. 파주: 패러다임북. '경북 인터넷 다문화 정책의 방향'. p. 233을 참고 바람.

207 https://eiec.kdi.re.kr/material/clickView.do?click_yymm=201512&cidx=1740

한 엄밀한 수학적 증명은 부족하다.

예컨대 메타(페이스북)는 대학 캠퍼스 내에서 시작해 빠르게 정보를 퍼뜨려 초기 사용자 확보 문제를 해결했다. 우버(Uber)는 프로모션, 할인, 무료 탑승 쿠폰을 통해 초기 사용자와 드라이버를 유치했다. 에어비앤비(Airbnb)는 숙소 사진 촬영 서비스와 마케팅 활동으로 초기 숙소 제공자와 게스트를 확보했다. 각 사례는 네트워크 효과를 활용해 초기 사용자 확보 문제를 극복하고 성장 기반을 마련했다.

이 과정에서 구독 기반 프리미엄(premium) 모델과 무료 기반 프리미엄(freemium) 모델 중 어떤 것을 선택할지도 검토해야 한다.[208] 유튜브 음악 듣기와 비슷한 스포티파이는 광고 대신 구독 기반 음악 스트리밍 서비스를 선택했다. 반면 드롭박스와 구글 드라이브는 기본적인 서비스와 제품을 무료로 제공하고 고급 기능이나 특수 기능에 요금을 부과하는 방식을 택했다. 즉, 무료로 클라우드 용량을 제공한 뒤, 추가 용량을 원하는 사용자에게 요금을 부과하는 모델이다.

이런 사례들은 웹3 기업들이 초기 사용자 확보의 어려움을 극복하기 위해 창의적인 전략과 투자가 필요함을 시사한다. 이더리움을 비롯한 레이어1 프로젝트는 네트워크 수수료에 대한 초기 장벽을 낮추고 레이어2 플랫폼을 활성화해서 초기에 충분한 사용자를 모으기 위해서 노력하고 있다. 이러한 전략이 현재 사용자들 사이에서 인기를 얻으면 자연스럽게 더 많은 이용자를 끌어들일 수 있다. 이를 통해 점차적으로 웹3 기술를 통한 디지털 민주주의가 전 세계적으로

208 https://stibee.com/api/v1.0/emails/share/xqNUFDl2VbWWkuvQDkOJcmq4aZ4QFWQ

확장할 수 있는 기반을 마련할 수 있다.

부트스트랩 문제가 해결되더라도 웹3 기반 콘텐츠와 서비스가 범용 기술이 되기 위해서는 새로운 상품화 전략이 필요하다. 디지털 분야에서는 이것을 '필수 비즈니스를 상품화하라'(commoditize your compliment)라는 표현으로 부른다.[209] 간단히 말하면 이 개념은 특정 상품이나 서비스를 표준화하여 대량 생산하고 저렴하게 판매해 시장에서 경쟁 우위를 차지하라는 전략이다.

이 전략은 소프트웨어 및 플랫폼 산업에서 자주 보이며 구글이나 마이크로소프트 같은 회사들이 운영 체제나 검색엔진 등 주력 제품을 보완하는 소프트웨어와 서비스를 무료로 제공해 사용자 기반을 확장한다. 예를 들어 구글은 크롬(Chrome) 브라우저를 무료로 제공하여 사람들이 구글을 기본 검색엔진으로 사용하도록 유도한다. 스마트폰 제조업체들이 비용 부담 없이 안드로이드(Android)를 사용하여 구글의 앱과 서비스 시장 점유율을 확대한다. 아마존은 아마존 웹서비스(AWS)를 통해 클라우드 컴퓨팅 서비스를 제공, 다른 기업들이 자체 데이터 센터 대신 이를 사용하게 함으로써 클라우드 인프라 비용을 분산하고 아마존이 제공하는 다른 디지털 서비스 의존도를 높인다.

유사한 맥락에서 '도구를 위해 오고 네트워크를 위해 머물다'(Come for the tool, stay for the network)라고 알려진 사용자 유치 전략을 어떻게 구현할지 고민해야 한다.[210] 이 전략은 시장에서 소비자들

---

209 Dixon, C. (2024). Read Write Own: Building the Next Era of the Internet. New York, NY: Random House.

210 https://a16zcrypto.com/posts/article/blockchain-internet-glossary-key-

이 새로운 디지털 네트워크에 편승하도록 유도하기 위해 처음에는 당장 유용한 도구를 제공한다. 이 도구를 통해 편리함을 경험한 사용자들이 초기 채택자가 되어 새로운 네트워크에 참여하고 자발적으로 새로운 디지털 기술을 홍보하게 된다.

예를 들어 비디오 제작자들은 처음에 유튜브를 사용해 자신의 웹사이트에 비디오를 호스팅하고 삽입했다. 이때 유튜브는 단순한 도구로 받아들여졌다. 그러나 시간이 지나면서 사람들은 유튜브 자체의 사이트와 앱의 편리성에 만족하며 의존하게 되었고 이로 인해 유튜브는 새로운 네트워크로 인식되기 시작했다. 이 전략은 사용자들이 기존 도구를 통해 새로운 플랫폼의 네트워크에 익숙해지도록 유도하며 결국 그 네트워크에서 더 오래 머물도록 이끈다.

웹3 콘텐츠와 서비스가 더 많은 소비자에게 접근할 수 있도록 하여 기존 디지털 서비스와 보안 네트워크 기업과 경쟁에서 우위를 점하려면 적절한 전략을 채택해야 한다. 비트코인과 이더리움 같은 웹3 블록체인은 독특한 서비스와 NFT 같은 고유 상품을 제공하지만 이러한 상품이나 서비스가 시장에서 경쟁 제품과 구분되지 않는 일반 상품으로 전환되지 않고 있다.

웹3 서비스의 효율적인 공급망 관리를 위해서는 데이터, 기술, 인력 등의 비물리적 자원과 앱, 하드웨어 등의 물리적 자원이 조화롭게 흐를 수 있도록 조정하는 것이 중요하다. 이를 위해 웹3 소프트웨어 개발, 즉 디앱을 개발하는 기업들을 전방(downstream) 산업으로 적극 육성하며 이들을 지원할 수 있는 메인넷 서비스, 분산형 데이터

terms-read-write-own-book

스토리지 제공업체, 블록체인에 특화된 하드웨어 공급업체 등을 후방(upstream) 산업으로 강화해야 한다. 이런 구조는 웹3 생태계 내에서 자원이 원활하게 순환하도록 돕고 각 부문의 상호의존성을 강화하여 전체 시스템의 안정성과 성장을 촉진할 것이다.

대량 생산과 유사한 방식으로 생산 비용을 줄이고 웹3 프로젝트를 경쟁 상품과 구별되는 표준화된 상품으로 만들 필요가 있다. 중앙화된 인터넷 기업이 상대적으로 낮은 비용으로 시장에서 중요한 위치를 차지하고 있는 현실을 고려할 때 웹3 프로젝트는 블록체인 기반 제품이나 서비스를 통합하거나 제공함으로써 핵심 제품이나 서비스를 더욱 돋보이게 해야 시장의 경쟁 역학을 변화하고 경쟁사보다 우위를 확보할 수 있다. 이는 웹3 기술의 채택을 가속화하고 기존의 웹1 및 웹2 서비스와 차별화된 가치를 제공하는 데 중요하다.

마무리: 소버린 체인 능력 구축

밈코인과 NFT는 새로운 재미를 제공하고 디지털자산의 접근성을 높이면서 전 세계 어디서나 가상자산을 통한 경제 활동을 가능하게 함으로써 문화적 장벽을 낮추고 있다. 이러한 자산은 전통적인 민주주의 모델과는 거리가 있을 수 있지만 분산화된 형태의 참여를 실험하는 데 중요한 역할을 할 수 있다.

다오(DAO)는 스마트 계약을 통해 운영되고 구성원들의 직접적인 투표와 의사 결정을 통해 조직을 관리하는 새로운 형태의 참여 민주주의를 제공한다. DAO는 아직 법인격을 갖추지 못한 채로 존재하고 있으며 이는 DAO의 적용 범위와 영향력을 어떻게 정의해야 할지에 대한 도전을 제기한다.

결론적으로 웹3 기술은 모든 시민의 정치적 자유와 경제적 권리를 강화하면서 진화하고 있다. 이 기술은 민주주의의 질을 향상하고 더욱 탈중앙적이며 분산된 사회 구조를 구축하는 데 기여하고 있다. 이러한 과정은 직접 민주주의의 새로운 형태를 창출하며 기존 정치 및 경제시스템에 대한 대안적 접근 방식을 제시할 가능성을 내포하고 있다.

덧붙이면 현재 빅테크가 제공하는 콘텐츠와 서비스는 공중의 신뢰를 많이 잃어버렸다. 이들 대부분은 미국에 기반을 둔 플랫폼 기업들이며 그들이 구축한 인터넷 생태계는 우리가 원하던 네트워크의 모습과는 거리가 멀다. 그럼에도 불구하고 미국을 중심으로 한 비트코인 및 이더리움 ETF 금융상품과 FIT21 법안은 콘텐츠 산업의 변화를 통해 글로벌 가상자산 시장 및 NFT 콘텐츠 산업을 급격히 재편할 것으로 예상된다.

2024년 미국 대통령 선거 이후 포스트-트럼프 시대에 미국 정부가 이전보다 훨씬 가상자산 및 웹3 친화적인 태도를 보일 가능성이 높다. 선거 기간 중 이슈로 떠올랐던 비트코인이 미국의 전략적 준비 자산으로 새롭게 인정받고 미국 정부가 비트코인의 최대 발행량 약 5%인 100만 개를 매집하는 크립토 자국우선주의(America First) 기조가 나올 가능성도 있다. 이렇게 되면 코인베이스와 같은 미국 소재의 가상자산 거래소와 웹3 기업들이 투자자들의 강력한 지지를 받으며 글로벌 디지털 시장에서 확고히 자리 잡을 것이다.

그러나 디지털 제품과 서비스의 특성상 소수 이용자의 권익을 보호하는 포용적(inclusive) 콘텐츠 정책을 펼치기는 어려울 것이다. 따라서 참여 민주주의와 이용자 보호 측면에서 보면 새로 형성되는 미국 주도의 웹3 기술 패권이 반드시 긍정적이지 않을 수도 있다. 특히 이더리움과 같은 스마트 계약 및 DAO 개발을 지원하는 레이어1과 레이어2 프로젝트는 미국 정부와 기업들이 주도하는 새로운 거버넌스 모델 형성과 산업 변화에 주도적 역할을 할 것이다.

현재의 세계를 일종의 '신냉전'(New Cold War) 상황으로 이해한다면 디지털 분야에서도 미국 중심의 민주주의 세력과 중국과 러시아 중심의 권위주의 진영이라는 두 개의 블록이 경쟁하고 있다고 볼 수 있다.

아시아의 한국, 유럽의 이탈리아 등 전통적으로 미국과 가까운 국가들이 첨단 산업과 무역 분야에서 중국과의 협력을 강화하는 사례가 점차 많아지고 있다. 이에 따라 미국은 대중국 투자를 제한하기 위해 미국인이 경영하거나 투자하는 기업이 중국의 첨단 산업(반도체, 인공지능, 양자컴퓨터 등)에 투자하지 못하도록 하는 강력한 제재 정책을 고려하고 있다. 미국은 미-중 갈등에서 자국 기업이나 친미 성향의 동맹국들이 반발할 가능성이 있음에도 불구하고 중국을 견제함으로써 미국 우선주의를 강화하려는 의도를 가지고 있다.[211]

이 책을 집필하는 시점에서는 아직 중국이 비트코인 채굴 및 가상자산 관련 거래 규제를 완화하지 않았으나 미국의 정책 변화에 따라 중국의 관련 정책도 웹3 기술인 DeFi 및 NFT에 친화적으로 변할 가능성이 제기되고 있다.[212] 특히 중국의 정치적·경제적 영향 아래 있는 홍콩 특별행정구를 활용해 핀테크 산업과 가상자산 거래소,

---

211 https://n.news.naver.com/mnews/article/020/0003582085?sid=101

212 https://coinpedia.org/cryptocurrency-regulation/crypto-regulations-in-china-in-2024

스테이블 코인에 대한 규제 시스템을 구축할 가능성이 크다.

러시아는 우크라이나와의 전쟁 중 미국을 비롯한 서방 국가들이 주도한 강력한 경제 제재를 받았으며 이에 따라 국제은행간통신협정(SWIFT)에서 퇴출되기도 했다. 이후 러시아는 SWIFT 퇴출 이후 대외 무역과 같은 국제 결제에서 가상자산 사용을 시범적으로 허용하는 법안을 승인했다. 또한 러시아는 2024년 11월부터 비트코인 채굴을 합법화하여 승인된 기관이나 에너지 소비 한도를 초과하지 않는 개인이 별도의 등록 절차 없이 가상자산을 채굴할 수 있도록 했다.

따라서 미국이 주도하는 웹3 기술 정책과 비즈니스는 중국과 러시아 블록과는 달리 다양한 방식으로 전개될 수 있다. 예를 들어 이용자, 생산자, 투자자 모두를 위한 다양성, 형평성, 포용성(DEI: diversity, equity, inclusion) 원칙을 강화하는 웹3 콘텐츠와 서비스가 개발될 가능성이 크다. 이는 참여 민주주의 영역으로까지 확대될 수 있는 잠재력을 지닌다.

마지막으로 지분증명(PoS) 웹3 프로젝트와 NFT는 기후 변화 대응, 에너지 효율 증진, 사이버 보안 강화에도 필수적일 것이다. 또한 각국의 문화와 관행을 반영한 개인화된 프로필 사진(PFP)이 발전할 시대가 다가올 것이다. 따라서 각국은 소버린 AI와 유사하게 소버린 체인을 통해 글로벌 웹3 기술 경쟁에서 독립성과 자립성을 유지하고 자국의 정치적 입장을 드러내고 경제적 이익을 최대화할 전략을 마련해야 한다. 소버린 체인의 발전은 자국에 맞춘 디지털 민주주의 소프트웨어 개발, 허위 정보 및 사기 방지를 위한 코드 작성 등 다양한 분야에서 활용될 수 있을 것이다.

결론적으로 웹3 기술은 결국 전 세계 정치, 경제, 문화의 디지털 기반을 형성할 것으로 예상된다. 따라서 전 세계 국가들은 소버린 체인 능력을 구축해야 한다. 그리고 웹3 생태계를 둘러싼 이해관계자들은 글로벌 상생을 추구할 수 있는 혁신적 촉진과 이용자 보호 정책을 적극적으로 논의해야 하는 시점이다.

찾아보기

가

가상자산 37
게이트키퍼 15
경제정책연구센터 35
계층적 NFT 122
구플(Goople) 30
국제은행간통신협정 254
그레이스케일 123
기술결정론 103
김프 112

나

나카모토 41
노드(node) 42
니어프로토콜(NEAR) 47

다

돈세탁 144
다양성, 형평성, 포용성 228
다오(DAO) 120
다이(DAI) 122
대체불가토큰 131
데이터 배포 프로토콜 46
데이터 상호 연결 시스템 216
데이터 식민주의 26
도구를 위해 오고,
네트워크를 위해 머물다 249
디지털 리터러시 37
디지털 민주주의 21
디지털 생태계 34
디지털 자산 41
디파이 38

라

루나(LUNA) 105
라이브러리 피어투피어(Libp2p) 48
레식(Lessig) 36
렛저 80
리플(XRP) 107

마

마이크로스트래티지 118
메리토크라시 82
메트칼프의 법칙 247
밈코인 90

바

부테릭 92
바이낸스(BSC) 47
베리파이 39
베토크라시 93
부트스트랩 문제 246
분산자율조직 37
블록체인 네트워크 41
빅데이터 24
빅테크 기업 22

사

사용자 인터페이스 46
사회구성론 103
사회물질성 이론 183
상호 플래너리 파일 시스템(IPFS) 46
서티파이 39
세계화연구센터 26
소버린 체인 163
소프트웨어 프로토콜 183
소프트포크 42
솔라나(Solana) 51
수정헌법 22
스마트 계약 59
스웜(Swarm) 46
스캠 이메일 234
신원정보 27

아

아무도 신뢰하지 않고 항상 검증하라 47
아이로봇 32
악하지 말라(don't be evil) 126
암호화 기반 작업증명 체인 (PoW, Proof of work) 41
암호화 기술 189

연방무역위원회 32
오라클 32
오픈AI 30
오픈씨(OpenSea) 146
월가를 점령하라 113
웹1 64
웹2 64
웹3 64
위임증명 47
이더리움 43
이성적 정책 정보 제공 35
인식론적 권리 31
인터넷 오버레이 프로토콜 46
임팩트 시어리(Impact Theory) 129

자

자격증명 시스템 40
작업증명 47
제로 트러스트 46
존 왓킨슨 152
지분증명 127

차

초개인화 167
초대형 온라인 플랫폼 29

카

크립토펑크 135
카르다노(CARDANO) 47
코드 컨퍼런스 2022 37
코드가 법이다 34
크라우드펀딩 179
크립토 50

타

탈중앙화 자율 조직 58
통신품위법 22
트론 47
트위치 23

파

팬토큰 167

페가트론 28

페르소나 138

포크 42

포퓰리즘 31

폭스콘 27

폴카닷(Polkadot) 47

폭스 27

플랫폼 권력 31

플랫폼 중립 연산 서술 언어 48

플로우(FLOW) 47

플루토크라시 82

하

하드포크 42

해쉬 45

호프스테드 158

웹3 기술과 민주주의
빅테크는 끝났다

초판 1쇄 2024년 12월 6일

지은이 박한우
펴낸이 최외출
펴낸곳 영남대학교출판부
출판등록 1975년 9월 5일 경산 제16-1호
주소 경북 경산시 대학로 280
전화 053-810-1802~3
팩스 053-810-4722
홈페이지 book.yu.ac.kr

ISBN 978-89-7581-966-7 93300